厚德博學
經濟匡時

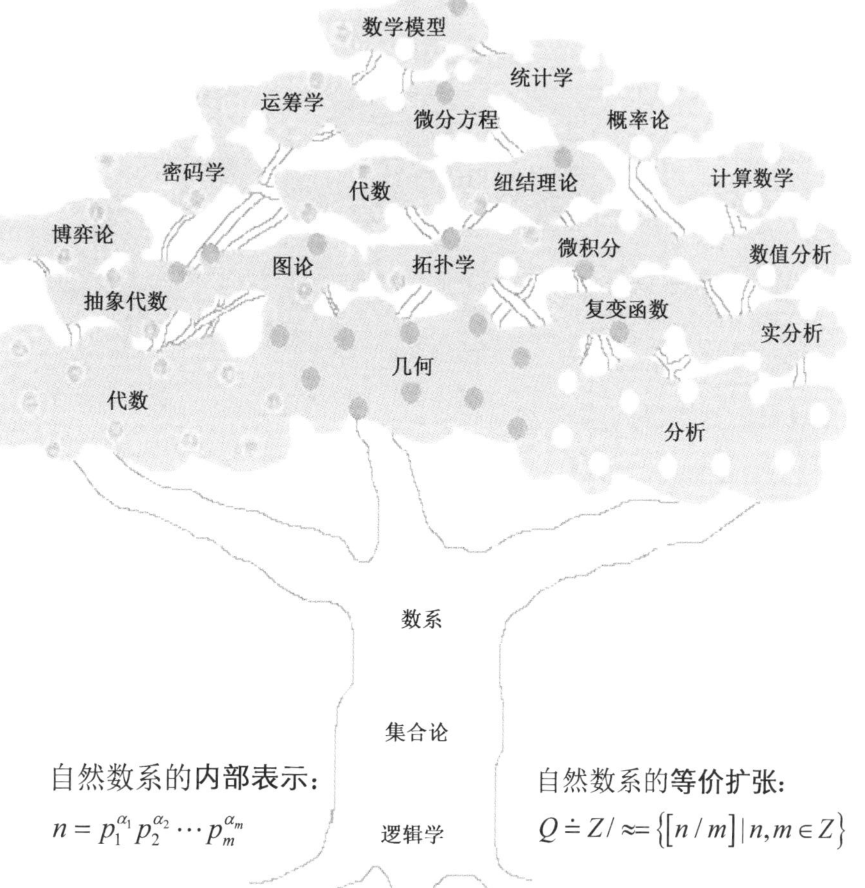

自然数系的**内部表示**：

$n = p_1^{\alpha_1} p_2^{\alpha_2} \cdots p_m^{\alpha_m}$

自然数系的**等价扩张**：

$Q \doteq Z / \approx = \{[n/m] \mid n, m \in Z\}$

国时 大学通识系列

经济分析与数学思维

万物皆数新说

梁治安◎编著
王燕军◎审阅

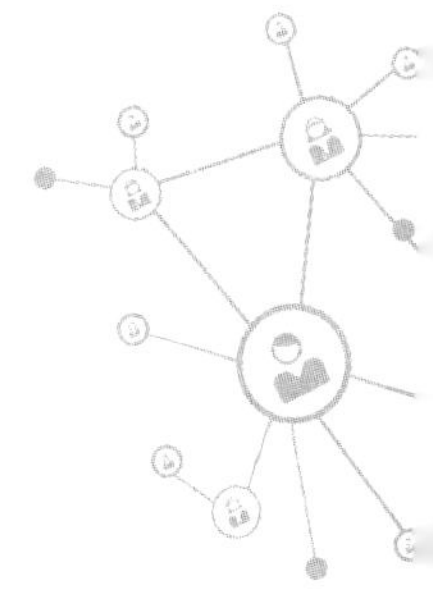

上海财经大学出版社

图书在版编目(CIP)数据

万物皆数新说/梁治安编著. —上海:上海财经大学出版社,2019.9
(匡时·大学通识系列·经济分析与数学思维)
ISBN 978-7-5642-3253-5/F·3253

Ⅰ.①万… Ⅱ.①梁… Ⅲ.①数字-高等学校-教材 Ⅳ.①O1

中国版本图书馆 CIP 数据核字(2019)第 157030 号

□ 责任编辑 刘光本
□ 责编电邮 lgb55@126.com
□ 责编电话 021-65904890
□ 封面设计 张克瑶

万物皆数新说

梁治安 编著
王燕军 审阅

上海财经大学出版社出版发行
(上海市中山北一路 369 号 邮编 200083)
网 址:http://www.sufep.com
电子邮箱:webmaster@sufep.com
全国新华书店经销
上海华业装璜印刷厂印刷装订
2019 年 9 月第 1 版 2019 年 9 月第 1 次印刷

710mm×1000mm 1/16 9.5 印张(插页:2) 108 千字
定价:39.00 元

内容提要

万物皆数的哲学思想可以从两个方面考虑:第一,数系从自然数发展到复数,再到哈密尔顿(Hamilton)的"四元数",实际上是进入线性代数(乘法非交换代数系统),具体来说就是矩阵系统,再到格雷福斯(Graves)的"八元数",是进入抽象代数(乘法非交换非结合代数系统),像李群、李代数。2500多年前古希腊毕达哥拉斯学派认为"万物皆数",其中的"数"是指有理数。随着数系的发展,代数也随之发展与丰富。所以,我们这里的"数"包括超复数和数列等。剑桥大学数学物理教授福瑞(Furey)的研究工作可以说是最新的用八元数建模,是在寻找粒子物理标准模型和八元数之间的联系。她认为,构成现实世界的整套相互作用和粒子,都可以从一种名为八元数的八维数字中推出来。《万物皆数新说》是从另外一个方面诠释"万物皆数"的理念。整数是代数之母,代数支撑着所有的数学分支,即:几乎所有的数学课程研究的对象均是建立在一个代数系统上。比如,线性代数考虑的对象是线性空间(向量空间)和内积空间(欧氏空间),数学分析考虑的是函数空间,泛函分析考虑的是赋范空间,巴拿赫空间、希尔伯特空间、拓扑学考虑的是拓扑空间,概率论考虑的是概率空间。本书的目的是介绍自然数系和实数系这个数学根基中的最基本的研究方法的思想和结论(著名定理),说明更高层次的数学概念产生的自然性。比如,由于有理数域对基本数列的极限不封闭,那么,把所有有理数基本数列的极限和有理数放在一起就构成了实数域,称这样的一个代数系统是完备的。这样,我们就会自然地认识到数学中为什么要考虑巴拿赫空间和希尔伯特空间,因为赋范空间和内积空间都给出了元素间距离概念,有距离就要考虑元素列(基本列)的极限问题,赋范空间和内积空间不能保证它们对"基本列"的极限是封闭的,故有完备的赋范空间称为巴拿赫空间,完备的内积空间称为希尔伯特空间。另外,自然数系统有两个非常值得注意的理论:一是针对运算确定比较简单的元素,如素数,然后用这些简单的元素表示该系统的一般元素,如算术基本定理、哥德巴赫猜想等;二是从自然数系统构造新的系统,称为商系统,如有理数域、同余类环。《万物皆数新说》在介绍这两种自然数的理论后,在抽象代数等课程中发现这两种处理代数系统的思想方法。抽象代数作为第二代数学模型和其他数学课程的基础,本书中将介绍得更多一些。本书作为数学学习的指导性的科普性读物,旨在让读者更多了解众多的数学课程中有很多类似的东西。

前　言

这是一本关于学习数学的读物。根据自己多年对数学的学习、教学和研究，觉得数学世界之庞大、分支之众多、生长之快速、应用之广泛，常常使一些学生学得苦不堪言，兴趣荡然无存。那么，学习和掌握数学知识究竟有没有好的方法和注意的问题呢？答案是有的。在众多的数学分支（课程）中总是有些共同的东西，不管是形式上的还是理论意义上的，而且多数出自正整数或者再广泛一些就是实数。《周易·系辞》讲到："引而伸之，触类而长之，天下之能事毕矣"，是指触类旁通。2016 年美籍华人数学家张益唐先生在兰州举办的第六届全国数学文化论坛学术会议上强调：中国的中小学应该开设初等数论课程。笔者 1978 年 3 月进入大学后学习了初等数论，工作伊始给本科生开设初等数论，同样认为了解和掌握初等数论的知识对今后的数学课程的学习是至关重要的。鉴于此，编写了这样一本指导数学学习的小册子，取名为《万物皆数新说》。

万物皆数，不无道理。大约 2500 年前，古希腊有一个毕达哥拉斯学派，是一个研究数学、科学和哲学的团体。该团体的信仰是"万物皆数"，认为"数"是万物的本源，支配整个自然界和人类社会。世间一切事物都可归结为数或数的比例，这是世界之所以美好、和谐的源泉。他们所说的数是指整数。分数的出现使整数不那么完整了，但分数可以写成两个整数之比，所以他们的信仰没有动摇。

由于时代的局限性，用现代的语言来说，那个时代一切事物的“数学模型”就涉及自然数和它们的比值(有理数)。但是学派中一个叫希帕索斯的学生，在研究1与2的比例中项时(即满足$a:1=2:a$的a)，发现没有一个能用整数比值写成的数可以表示它。他画了一个边长为1的正方形，设对角线为a，根据毕达哥拉斯定理(中国称勾股定理)，$a^2=2$，可见边长为1的正方形的对角线的长度即是所要找的那个数。这个数肯定是存在的，可它是多少？又该怎样表示它呢？希帕索斯等人百思不得其解，最后认定这是一个从未见过的新数。这个新数的出现使毕达哥拉斯学派感到震惊，动摇了他们哲学思想的核心——“万物皆数”。

为了保持支撑世界的数学大厦不要坍塌，他们规定对新数的发现要严守秘密。而希帕索斯还是忍不住将这个秘密泄露了出去。据说他后来被扔进大海喂了鲨鱼。然而真理是藏不住的。人们后来又发现了很多不能用两整数之比写出来的数，如圆周率，即圆的周长与直径之比，就是最重要的一个。人们把它们写成π等形式，称它们为无理数。

如果我们用发展的观念和抽象的方式定义“数”的话，有理数基本数列(也称柯西列)也认为是数，数也可以认为有静态的常数和动态的变数(基本数列的极限值)。或者一个数列也可以刻画一个“物”，比如在一个时间段内“股票价格”可以用一个点列(某些时间点上的价格)来表示。时间区间划分越细，刻画程度越高。所以，“万物皆数”在某种意义上来讲仍然是对的。现在有一个热门词是“大数据”，我们认为“大数据”也是“数”，用“数据”来刻画和描述某些研究的对象。

历史上有两条研究和发现新数、不断扩展数系的途径：一是通过考虑一元多项式方程的解的问题。$nx=m$，其中 n,m 为整数，当 n 不整除 m 时，该方程在整数系中无解，从而产生有理数解 $x=\frac{m}{n}$。$x^2=2$，在有理数系中无解，从而产生无理数解 $x=\sqrt{2}$。有理数和无理数合在一起，就产生了完备的实数系（完备性的概念后面将介绍，17 世纪微积分的创立就是基于实数系的完备性）。$x^2=-1$ 在实数系中无解，从而产生了新数解 $x=\sqrt{-1}$，因为当时多数数学家不承认这个数，所以把它称为虚数，记作 $i=\sqrt{-1}$。实数集和虚数携手构成复数系。到了 18 世纪，复数理论已经比较成熟，人们很自然想到了这样的问题：复数系还可能进行扩张吗？是否可以找到一个可以真包含复数系的“数系”，它们承袭了复数系的运算和运算律？也就是说，我们能否进一步构造一个包含复数系的新数系，且使原来的运算性质全部保留下来？一个很自然的想法是考察一元复系数高次方程的解。如果我们能够找到一个复系数方程，它在复数范围内没有解，就可能得到一个复数系的扩张系。

但是，18 世纪末高斯（Gauss）所证明的“代数基本定理”（即任意 n 次复系数方程至少有一个复数根）明确地宣告了“此路不通”。不屈不挠的数学家们不得不寻求新的途径，即第二途径。从通常的自然数、有理数、无理数、实数、复数发展到超复数，有一个比较大的“坎儿”：必须放弃一些条件，这样就有了 1845 年哈密尔顿（Hamilton）放弃乘法交换律发现四元数（Quaternions），同年格雷夫斯（Graves）放弃乘法交换律和结合律发现八元数（Octonion），1845 年凯莱（Cayley）独自发表八元数的结果。

这就是数学研究的一种思路：在已有研究对象的基础上不断产生新

的研究对象，而且新的对象更能反映实际问题，建立更加吻合实际的数学模型。我们把这些发展的新对象仍然称为“数”(超复数)。人们将复数和超复数称为狭义数。事实上，代数从一般的数系进入线性代数研究领域，如四元数在线性代数中在同构意义下有“相同”的对象矩阵。由于科学技术发展的需要，向量、张量、矩阵、群、环、域等概念不断产生，把数学研究推向新的高峰。这些概念都应列入数字计算的范畴，但若归入超复数不太合适，所以把向量、张量、矩阵等概念称为广义数。

尽管人们对数的归类法还有某些分歧，但在承认数的概念还会不断发展这一点上意见是一致的。到目前为止，数的家庭已发展得十分庞大，而用狭义的或广义的、静态的或动态的数刻画一切事物推动了更高层次的数学模型的建立，故而言之“万物皆数”。

从上面的陈述我们确信用数的大家族元素，包括复数(超复数)的狭义数、向量、张量、矩阵、数列和动态的数(基本数列的极限)可以来刻画世间万物，也就是用“数”来建模。这里特别要提到的在《卫星探索》2018 年 8 月发表的一篇文章[1]，介绍英国剑桥大学数学物理学家科尔·福瑞的工作：科学家们坚信宇宙的本质是简洁的。这背后其实有一个“万有理论”，它可以囊括四种宇宙基本力，用单独一种物理理论解释所有的物理现象。而宇宙中的万事万物，不过是这种理论的衍生和演化。科尔·福瑞发现了这种粒子物理学标准模型和八元数之间的关系。而“八元数”是一个放弃乘法的交换律和结合律的抽象的代数系统，属于抽象代数领域。

本读物不打算也不可能在用“数”建模这个领域展开，也不打算介绍实际对象中蕴含着的数的事例。读者可以在各个研究领域仔细领略“万物皆数”的思想或阅读相关的书籍，如米卡埃尔(法国)著、孙佳雯译《万物

皆数——从史前时期到人工智能跨越千年的数学之旅》[2],宾利(英国)著、马仲文译《万物皆数——探寻主宰万物的神秘数字的奇妙旅程》[3]和梁进著《名画中的数学密码》[4]。

本读物的工作是从另外一个方面强调"万物皆数"原理和理念。从数系的发展和深化的思想方法介绍数学知识点构建和发展,比如从有理数系到实数系的完备化思想认识和理解从赋范空间的完备化得到巴拿赫空间,从内积空间的完备化得到希尔伯特空间,从整数的整除性、最大正因数和素数观点去理解和认识伽罗瓦利用正规子群、单群和可解群解决五次以上多项式方程没有通解公式的问题,帮助读者学习数学,提高学习数学的兴趣,运用数学语言刻画工作或生活中的一些事情,也就是善于数学建模。

自然数中的一些概念、结论、证明的思想方法,大家要有所了解和掌握。这里我们简单介绍自然数理论中的两个主要问题:我们称之为"内表"问题和"外延"问题。第一,在自然数代数系统中,用针对运算相对简单的数,比如素数,表示一般的数。第二,在自然数代数系统中,通过等价关系方法或"做商"的方法获得新的代数系统,比如同余类代数系统和有理数代数系统。自然数代数系统中的这两种"做法"的思想贯穿于几乎所有的后续数学课程乃至其他专业课程。对自然数的这些问题如果我们理解和掌握了,在学习后续的数学课程时,当遇到类似的概念和理论时,就会发现它们出现的自然性,会觉得学起来轻松愉快,有的就可以仿照自然数中的相应结果的证明给出证明,尤其是在学习抽象代数时会发现类似结论的"再现"。同时,我们可能参照自然数中的相应结论的证明给出证明。

本读物共分十章，我们将用简略通俗的语言对课程相关的主要内容做简单的介绍，以便于对所述结果的认识和理解。然后列举一些主要体现代数系统“内表”和(或)“外延”思想的理论结果。为了连贯、顺畅、易读，在引进的过程中要加一些相关内容。由于代数是几乎所有数学课程的基础，比如多数课程开始总是要讲一些集合和映射的基础知识，所以本读物对代数(包括高等代数和抽象代数)相关知识介绍得要多些。希望读者能够借鉴本读物提到的两种数学课程所体现的、产生于自然数的“内表外延”的思想方法，发现更多的指导数学学习的自然数或实数系中的理论结果，对数学这棵枝叶繁茂、生长不断、应用广泛的大树有一个宏观上的认知，收获更多的果实。

目　录

第一章　自然数

1.1　序言

自然数是第一代数学模型。人类从具体的计数和数数(如一个、两个,一件、两件等)抽象出来数字,即自然数,也称正整数。由自然数的全体组合成一个群体,称为自然数“集合”,记作“$\mathbb{N}$”。这样一个非空的“集合”,是没有多少研究必要的。为了实际的需要,在这个集合中引进两种“运算”:第一种称为加法,记作“$+$”;第二种称为乘法,记作“$\times$”,乘法一般省略符号,也就是自然数集合对于加法和乘法是封闭的。这样一个带有运算的非空集合称为“代数系统”或“代数结构”,以下统称代数系统。一个代数系统可能只考虑一种运算,也可能同时考虑多种运算,有考虑有限运算,也有考虑无限运算(极限运算)。对于带多种运算的代数系统,运算之间必须有连接两者的桥梁,即涉及两种运算的运算规则。如在自然数关于加法和乘法的代数系统中，乘法对加法要满足分配律。当然各种运算自身也要满足一些运算规则。如自然数的加法和乘法满足：

N1. 加法结合律：对任何 $a,b,c\in\mathbb{N}$，$(a+b)+c=a+(b+c)$；

N2. 加法交换律：对任何 $a,b\in\mathbb{N}$，$a+b=b+a$；

N3. 乘法结合律：对任何 $a,b,c\in\mathbb{N}$，$(ab)c=a(bc)$；

N4. 乘法交换律：对任何 $a,b\in\mathbb{N}$，$ab=ba$；

N5. 存在乘法单位元 1，使得对任何 $a\in\mathbb{N}$，$1a=a$。

我们为什么在这里列举出自然数加法和乘法的运算规则呢？因为后续所有的数学课程或数学分支研究的对象一般基于某个代数系统，它的运算也是类似地满足一些运算规则，也就是用公理化的方法给其代数系统冠以一种定义，如线性空间、欧氏空间、赋范空间、巴拿赫空间、希尔伯特空间、群、环、域、格、拓扑空间、概率空间等。综观以上这些代数系统，有的运算采用我们熟悉的数系中的类似运算符号，有的采用一个集合的幂集中的运算符号，即子集合的并、交、差等运算。

从数的产生与发展可以看出，有两种主要的处理问题的思想方法贯穿其中：第一种思想方法是在一个代数系统中针对某种运算，定义或确定一种相对简单的元素，把其中的元素通过这种运算用简单元素表示出来。这里我们称它为“内表问题”。事实上，我们在日常生活中也是基于这种思想处理问题，正如国际微分几何大师陈省身先生所说：“大家都可以享受数学思想，比如，把遇到的困难的事物尽可能地划分成许多小的部分，每一部分便容易解答……人人都可以通过这种方法处理日常问题。”这里举一个有代表性的数学分析中的事例。在平面图形中，长方形的面积公式大家都很熟悉。假设现在要求 XOY 平面内 X 轴上有限区间$[a,b]$上

的函数 $f(x)(>0)$ 下方的曲边梯形的面积，我们将 $[a,b]$ 做一个划分(Partition)，即在区间内插入一些点，在各个小区间内确定一点，小区间的长度乘以 $f(x)$ 在该点处的函数值就得到一个小长方形的面积，把这些小长方形面积求和，称为“黎曼和”。所有小区间的长度中最大者称为这个划分的直径，我们继续“加细”划分，当划分的直径趋于零时，如果黎曼和的极限存在，则称它为 $f(x)$ 在区间 $[a,b]$ 上的定积分，也就是这个曲边梯形的面积。第二种思想方法是在一个代数系统的基础上扩展新的代数系统。这里，我们称它为“外延问题”。一般情况下，这种处理问题的方法随着原代数系统的一个特殊的二元关系——等价关系，确定关于这个等价关系的商代数系统，即为拓展的新代数系统。换言之，设 X 是论域(代数系统)，在 X 上给定一个等价关系“$\sim$”，对应于 $\sim$，得到商集 $X/\sim=\{[x]\mid x\in X\}$，即以等价类为元素的集合，然后将 $X/\sim$ 当作新的论域进行讨论。这种思想在整数集中有所体现，所以，我们从整数开始讨论，对更抽象的代数系统的同样做法更容易接受和理解。

本读物通篇围绕这两种思想，介绍从自然数系统到更加抽象的代数系统的产生与研究怎样体现这两种处理问题的思想方法。

1.2　自然数的产生与扩展

数学起源于用来计数的自然数的伟大发明。自然数系统的研究内容和方法始终贯穿于整个数学，激发和引导着数学工作者和数学爱好者对新的数学分支的发现和对新知识的认识与理解。

1.2.1 自然数的产生

人们普遍认为,自然数的产生是第一代数学模型。就是把原始的计件用的“数量”中的“量”字去掉,产生抽象的“自然数”:1,2,3,…。在下面这段自然数的产生过程中,我们会看到一些简单的“对象”的产生和使用,用它们来表示一般的自然数——计数方法,如二进制、十进制等。这些是本读物强调的“内部表示”思想方法的最原始的体现。

在远古,人类的祖先为了生存,往往几十人在一起,过着群居的生活。他们白天共同劳动,搜捕野兽、飞禽或采集果蔬食物;晚上住在洞穴里,共同享用劳动所得。在长期的共同劳动和生活中,他们之间逐渐到了有些什么事情非说不可的地步,于是产生了语言。他们能用简单的语言夹杂手势,来表达感情和交流思想。随着劳动内容的发展,他们的语言也不断发展,终于超过了一切其他动物的语言。其中的主要标志之一就是语言包含了算术的色彩,人类先是产生了“数”的朦胧概念。他们狩猎而归,猎物或有或无,于是有了“有”与“无”两个概念用以表达他们的想法。以语言为元素的集合{有,无}不断在扩大。连续几天“无”兽可捕,就没有肉吃了,“有”“无”的概念便逐渐加深。后来,群居发展为部落。部落由一些成员很少的家庭组成。所谓“有”,就分为“一”“二”“三”“多”四种(有的部落甚至连“三”也没有)。任何大于“三”的数量,他们都理解为“多”或者“一堆”“一群”。有些酋长虽是长者,却说不出他捕获过多少种野兽,看见过多少种树,如果问巫医,巫医就会编造一些词汇来回答“多少种”的问题,并煞有其事地吟诵出来。然而,不管怎样,他们已经可以用双手说清这样的话(用一个指头指鹿,三个指头指箭):“要换我一头鹿. 你得给我三支箭。”这是他们当时没有的算术知识。

大约在一万年前，冰河退却了。一些从事游牧的石器时代的狩猎者在中东的山区内，开始了一种新的生活方式——农耕生活。他们碰到了怎样记录日期、季节，怎样计算、收藏谷物数、种子数等问题。特别是在尼罗河谷、底格里斯河与幼发拉底河流域发展起更复杂的农业社会时，还碰到缴纳租税的问题。这就要求数有名称，而且计数必须更准确些，“一”“二”“三”“多”已远远不够用了。

底格里斯河与幼发拉底河之间及周围叫作美索不达米亚，在那里产生过一种文化，与埃及文化一样，也是世界上最古老的文化之一。美索不达米亚人和埃及人虽然相距很远，却以同样的方式建立了最早的书写自然数的系统——在树木或者石头上刻痕划印来记录流逝的日子。尽管数的形状不同，但有共同之处，他们都是用单划表示“一”。

后来(特别是以村寨定居后)，他们逐渐以符号代替刻痕，即用一个符号表示 1 件东西，两个符号表示 2 件东西，依此类推，这种记数方法延续了很久。大约在 5000 年以前，埃及的祭司已在一种用芦苇制成的草纸上书写数的符号，而美索不达米亚的祭司则是写在松软的泥板上。他们除了仍用单划表示“1”以外，还用其他符号表示“10”或者更大的自然数；他们重复地使用这些单划和符号，以表示所需要的数字。

公元前 1500 年，南美洲秘鲁印加族(印第安人的一部分)习惯于“结绳记数”——每收进一捆庄稼，就在绳子上打个结，用结的多少来记录收成。“结”与“痕”有一样的作用，也是用来表示自然数的。根据我国《易经》的记载，上古时期的中国人也是“结绳而治”，就是用在绳上打结的办法来记事表数。后来又改为“书契”，即用刀在竹片或木头上刻痕记数，用一划代表“一”。直到今天，中国人还常用“正”字来记数，每一划代表“一”。当然，这个“正”字还包含“逢五进一”的意思。

数的概念最初不论在哪个地区，都是1，2，3，4，…这样的自然数开始的，记数的符号却大小相同。

古罗马的数字相当进步，现在许多老式挂钟上还常常使用。实际上，罗马数字的符号一共有七个：Ⅰ(代表1)、Ⅴ(代表5)、Ⅹ(代表10)、L(代表50)、C(代表100)、D(代表500)、M(代表1 000)。这七个符号在位置上不论怎样变化，它所代表的数字都是不变的。它们按照下列规律组合起来，就能表示任何数，完全体现了我们说的一个代数系统中的“内表”思想：

第一，重复次数：一个罗马数字符号重复几次，就表示这个数的几倍，如：“Ⅲ”表示“3”，“ⅩⅩⅩ”表示“30”。

第二，右加左减：一个代表大数字的符号右边附一个代表小数字的符号，就表示大数字加小数字，如“Ⅵ”表示“6”，“DC”表示“600”。一个代表大数字的符号左边附一个代表小数字的符号，就表示大数字减去小数字的数目，如“Ⅳ”表示“4”，“ⅩL”表示“40”，“ⅤD”表示“495”。

第三，上加横线：在罗马数字上加一横线，表示这个数字的一千倍。如：“$\overline{\text{XV}}$”表示“15 000”。

我国古代也很重视记数符号。最古老的甲骨文和钟鼎中都有记数的符号，不过难写难认，后人没有沿用。到春秋战国时期，生产迅速发展，为适应这一需要，我们的祖先创造了一种十分重要的计算方法——筹算。筹算用的算筹是竹制的小棍，也有骨制的。按规定的横竖长短顺序摆好，就可用来记数和进行运算。随着筹算的普及，算筹的摆法也就成为记数

的符号了。算筹摆法有横纵两式，都能表示同样的数字。

从算筹数码中没有“10”这个数可以清楚地看出，筹算从一开始就严格遵循十位进制。九位以上的数就要进一位。同一个数字放在百位上就是几百，放在万位上就是几万。这样的计算法在当时是很先进的。因为在世界的其他地方真正使用十进位制时已到了公元6世纪末。但筹算数码中开始时没有“零”，遇到“零”就空位。比如“6708”，就可以表示为“⊥ ╥”。数字中没有“零”，是很容易发生错误的。所以后来有人把铜钱摆在空位上，以免弄错，这或许与“零”的出现有关。

综上所述，人们都是在自然数这个系统中用一些简单的元素试图表示所有的自然数或者表达更多的思想。

1.2.2　数零的产生

普遍认为，“0”这一数学符号的发明应归功于公元6世纪的印度人。他们最早用黑点“·”表示零，后来逐渐变成了“0”。

我国古代文字中，“零”字出现很早。不过那时它不表示“空无所有”，而只表示“零碎”“不多”的意思，如“零头”“零星”。“一百零五”的意思是：在一百之外，还有一个零头五。随着阿拉伯数字的引进，“105”恰恰读作“一百零五”，“零”字与“0”恰好对应，“零”也就具有了“0”的含义。

如果细心观察的话，你会发现罗马数字中没有“0”。其实在公元5世纪时，“0”已经传入罗马。但罗马教皇凶残而且守旧，他不允许任何人使用“零”。有一位罗马学者在笔记中记载了关于使用“0”的一些好处和说明，就被教皇召去，施行了拶刑，使他再也不能握笔写字。

但“0”的出现，谁也阻挡不住。现在，“0”已经成为含义最丰富的数字符号。“0”可以表示没有，也可以表示有，如：气温 0℃，并不是说没有气温；“0”是正负数之间唯一的中性数；任何数（0 除外）的 0 次幂等于 1；0！＝1（零的阶乘等于 1）。

除了十进制以外，在数学萌芽的早期还出现过二进制、三进制、五进制、七进制、八进制、十进制、十六进制、二十进制、六十进制等数字进制法。人们试图用简单的前面几个数字表示所有自然数。在长期的实际生活应用中，十进制最终占了上风，二进制成了计算机使用的数码。

现在世界通用的数码 1，2，3，4，5，6，7，8，9，0，人们称之为阿拉伯数字。实际上，它们是古代印度人最早使用的。后来阿拉伯人把古希腊的数学融进自己的数学中，又把这一简便易写的十进位制记数法传遍欧洲，逐渐演变成今天的阿拉伯数字。所以，这十个数字符号就成了十进制表示一切数的简单元素。

1.2.3 有理数的产生

数的概念、数码的写法和十进制的形成都是人类长期实践活动的结果。随着生产、生活的需要，人们发现，仅仅能表示自然数是远远不行的。分配猎获物时，如果五个人分四件东西，每个人该得多少呢？于是分数就产生了。中国对分数的研究比欧洲早 1400 多年！自然数、分数和零，通称为算术数。自然数也称为正整数。关于有理数产生的另外一种通过等价关系做商的思想方法，我们将在后面专门介绍。这里要强调的是有理数的内表问题：任何一个有理数都可以用有限个自然数、0、小数点和正负号或有限循环小数表示出来。

随着社会的发展，人们又发现很多数量具有相反的意义，如增加和减

少、前进和后退、上升和下降、向东和向西。为了表示这样的量,又产生了负数。正整数、负整数和零,统称为整数,整数集合记作“ℤ”。再加上正分数和负分数,统称为有理数,有理数集合记作“ℚ”。有了这些数字表示法,人们计算起来就方便多了。

1.2.4 无理数的产生

在数字的发展过程中,一件不愉快的事发生了。让我们回到大约2500年前的希腊,那里有一个毕达哥拉斯学派,是一个研究数学、科学和哲学的团体。他们认为“数”是万物的本源,支配整个自然界和人类社会。因此世间一切事物都可归结为数或数的比例,这是世界所以美好和谐的源泉。他们所说的数是指整数。分数的出现使“数”不那么完整了。但分数可以写成两个整数之比,所以他们的信仰没有动摇。但是学派中一个叫希帕索斯的学生在研究1与2的比例中项时(即满足$a:1=2:a$的a),发现没有一个能用整数比例写成的数可以表示它。他画了一个边长为1的正方形,设对角线为a,根据勾股定理$a^2=2$,可见边长为1的正方形的对角线的长度即是所要找的那个数,这个数肯定是存在的。可它是多少?又该怎样表示它呢?希帕索斯等人百思不得其解,最后认定这是一个从未见过的新数。这个新数的出现使毕达哥拉斯学派感到震惊,动摇了他们哲学思想的核心——“万物皆数”。为了保持支撑世界的数学大厦不要坍塌,他们规定对新数的发现要严守秘密。而希帕索斯还是忍不住将这个秘密泄露了出去。据说他后来被扔进大海喂了鲨鱼。然而真理是藏不住的。人们后来又发现了很多不能用两整数之比写出来的数,如圆周率就是最重要的一个。人们把它们写成π等形式,由于大家对这样的“数”还不能接受，但是它们实实在在存在，所以称它们为无理数。关于无理数的刻画，有下面三种方法：

(1)递增有界数列的极限法(Weierstrass)

对任一数列$\{a_n\}$，如果从某一项a_k开始，满足

$$a_k \leqslant a_{k+1} \leqslant \cdots$$

则称数列(从第k项开始)是单调递增的。特别地，如果上式全部取小于号，则称数列是严格单调递增的。

同样地，如果从某一项a_k开始，满足

$$a_k \geqslant a_{k+1} \geqslant \cdots$$

则称数列(从第k项开始)是单调递减的。特别地，如果上式全部取大于号，则称数列是严格单调递减的。

单调递增数列和单调递减数列统称单调数列。

对任一数列$\{a_n\}$，如果存在某个实数A，使不等式

$$a_n \geqslant A$$

恒成立，则称实数A是数列的一个下界；同样，如果存在某个实数B，使不等式

$$a_n \leqslant B$$

恒成立，则称实数B是数列的一个上界。

如果一个数列既有上界又有下界，则称这个数列是有界的。此时，存在一个正数M，使不等式

$$|a_n| \leqslant M$$

成立。

单调有界数列必有极限。这个性质是实数连续性的一个体现。维尔

特拉斯(Weierstrass)用此刻画了无理数,即由有理数组成的单调有界数列的极限构成了全部实数,记作“$\mathbb{R}$”。

(2)戴德金(Dedekind)分割法

假设给定某种方法,把所有的有理数分为两个集合——A 和 B,A 中的每一个元素都小于 B 中的每一个元素。任何一种分类方法称为有理数的一个分割。对于任一分割,必有三种可能,有且只有一种成立:

第一种情形:A 有一个最大元素 a,B 没有最小元素。例如,A 是所有$\leqslant 1$ 的有理数,B 是所有>1 的有理数。

第二种情形:B 有一个最小元素 b,A 没有最大元素。例如,A 是所有<1 的有理数,B 是所有$\geqslant 1$ 的有理数。

第三种情形:A 没有最大元素,B 也没有最小元素。例如,A 是所有负的有理数、零和平方小于 2 的正有理数,B 是所有平方大于 2 的正有理数。显然,A 和 B 的并集是所有的有理数,因为平方等于 2 的数不是有理数。A 有最大元素 a 且 B 有最小元素 b 是不可能的,因为 A,B 是有理数集的一个分割,$a\neq b$,这样$[a,b]$内就有一个有理数不存在于 A 和 B 两个集合中,与 A 和 B 的并集是所有的有理数矛盾。

对第三种情形,戴德金称这个分割定义了一个无理数,或者简单地说这个分割是一个无理数。前面两种情形中,分割是有理数。这样,所有可能的分割构成了数轴上的每一个点,既有有理数,又有无理数,统称实数。

(3)有理数基本序列的极限法

这是 1872 年德国数学家康托尔(Cantor)给出的定义无理数的方法。对于一个数列$\{a_n\}$,如果对于任意小的 $\varepsilon>0$,总存在 N,使得当 $n,m>N$ 时,$|a_n-a_m|<\varepsilon$,则称$\{a_n\}$为基本数列(Cauchy 数列)。有理数基本列的

极限构成了全体实数。

实数集对基本列的极限这样一个无限运算就封闭了，这样的集合称为完备集，也称实数集是有理数集的完备化。在泛函分析中考虑赋范空间和内积空间的完备化，从而得到完备的赋范空间，称为巴拿赫空间，完备的内积空间称为希尔伯特空间。从这一点也可以看出万物皆数的哲学思想，巴拿赫空间和希尔伯特空间这样两个高层次的数学研究对象的产生可以认为源于实数域产生的思想。

在实数范围内对各种数的研究使数学理论达到了相当高深和丰富的程度。这时人类的历史已进入 19 世纪。由于实数系统的完备性，即任何柯西数列的极限也在实数范围内，也就是说，实数集不仅对有限运算加减乘除已经封闭，而且对无限的运算（即数列极限、无穷项求和（收敛级数））封闭了，从而建立和发展了严密的微积分理论及应用。

1.2.5 复数的产生

到 19 世纪，许多人认为数学成就已经登峰造极，数字的形式也不会有什么新的发现了。在数学上，方程求解问题是推动代数发展的源泉，代数当然包含数了。人们还在通过考虑方程求解来产生新的数。在解方程的时候常常需要开平方，比如 $x^2+1=0$，这个方程还有解吗？如果没有解，那数学运算就像走入死胡同那样处处碰壁。于是数学家们就规定用符号“i”表示“-1”的平方根，即 $i=\sqrt{-1}$。同样，因为人们对它的不了解和被动接受，称它为“虚数”。“i”就成了虚数的单位。后人将实数和虚数结合起来，写成 $a+bi$ 的形式（a，b 均为实数），定义它们为复数，记作“$\mathbb{C}$”。在很长一段时间，人们在实际生活中找不到用虚数和复数表示的

量，所以虚数总让人感到虚无缥缈。随着科学的发展，虚数现在在流体力学、地图学和航空学上已经有了广泛的应用。在掌握和使用虚数的科学家眼中，虚数一点也不“虚”了。

对于复数系统，用两个特殊的简单元素 $1,i$ 就可以把所有的复数表示成它们的“线性组合”。这是在一个代数系统由简单元素表示一般元素的例子，同时也展示了一种由已知的代数系统通过符号构造或衍生新的代数系统的思想方法。按照这种思想，从 19 世纪开始，人们考虑类似的新数的产生。

1.2.6　四元数和八元数的产生

数系发展到虚数和复数系后，在很长一段时间，连某些数学家也认为数的概念已经十分完善了，数学家族的成员都到齐了。类似于复数的发现，一个很自然的想法是考察一元复系数高次方程的解。如果能够找到一个复系数方程在复数范围内没有解，我们就有可能得到一个复数系的扩张数系。但是，在 18 世纪末，高斯证明了“代数基本定理”，即任意 n 次复系数方程至少有一个复数根。这就明确无误地宣告了“此路不通”。于是，不屈不挠的数学家们不得不寻求新的途径——借助于几何的概念。

由于二维平面上的点和复数之间的一一对应关系：$a+bi\leftrightarrow(a,b)$，故任意复数都可以表示为一个有序实数对 (a,b)，实数可以看作序对 $(a,0)$，因此有人把复数叫作“二元数”。寻求新数系的一个自然途径便是设法建立“三元数系”，“三元数系”应当承袭复数系的运算和运算规则，复数系可以看作是三元数系的子数系。然而，数学家的辛勤努力并未给他们带来预期的成果。不断的失败经历给他们带来了意外的收获：他们终于敢于设想，三元数系可能是不存在的，同时认识到为了建立新的“多元数系”，可能不得不放弃某些运算规则。

英国数学家哈密尔顿提出了“四元数”的概念。同样是基于结合几何的方法，哈密尔顿花了几年的时间深思这样一个事实：用三角形式表示复数

$$a+bi=r(\cos\alpha+i\sin\alpha)$$

$$c+di=r_1(\cos\beta+i\sin\beta)$$

其中，r 和 r_1 分别是两个复数的径，α 和 β 分别是两个复数的倾角。复数的乘法可简单地解释为平面的一个旋转：

$$\begin{aligned}&(a+bi)(c+di)\\&=r(\cos\alpha+i\sin\alpha)r_1(\cos\beta+i\sin\beta)\\&=rr_1[\cos(\alpha+\beta)+i\sin(\alpha+\beta)]\end{aligned}$$

这个概念能否推广？能否发明一种新的数并定义一类新的乘法使得三维空间中的一个旋转可以简单地表示为乘法？哈密尔顿称这样一个数为“仨”(三元数)。正如维塞尔(Wessel)把复数表示为二维平面上的一个点，“仨”可以表作三维空间的一个点。

这个问题是一直啃不动的核桃，它长时间地留在哈密尔顿的心头。以至于他的家人也因此为他发愁。如他自己所说，当他下楼去吃饭的时候，他的一个儿子会问：“爸爸，您能把仨相乘吗？”而爸爸则回答：“不，我只能把它们相加或相减。”

公元 1843 年 10 月 16 日，当他和妻子一起沿着都柏林的运河散步时，哈密尔顿忽然想起一个办法来乘“仨”。他是如此得意，他取出一把小刀当场在布鲁姆桥上刻下这个问题的关键。这肯定使路过的人感到迷

惑，他们读到："$i^2=j^2=k^2=ijk=-1$。"字母 i,j,k 表示超复数。正如 $\sqrt{-1}$ 的平方等于 -1，同样有 $i^2=-1,j^2=-1,k^2=-1$。哈密尔顿称它们为四元数(Quaternions)(后来，把一切形如 $a+bi+cj+dk$，其中 a,b,c,d 为实数，的实线性组合都称为四元数)。四元数乘法的关键是交换律不成立。在通常数的情形，$ab=ba$。当四元数相乘而交换因子的顺序时，其结果可能变化，例如，$ij=k,ji=-k$。我们有下面的四元数乘法表：

	1	i	j	k
1	1	i	j	k
i	i	-1	k	$-j$
j	j	$-k$	-1	i
k	k	j	$-i$	-1

以上是在假设乘法满足结合律的情形下计算。这样所有的四元数的一切实线性组合组成的集合，对于加法和乘法就构成一个代数系统，记作

$$H=\{a1+bi+cj+dk\mid a,b,c,d\in\mathbb{R}\}$$

让我们回顾一下三维几何空间 $\mathbb{R}^3=\{(a,b,c)\mid a,b,c\in\mathbb{R}\}$。在 $\mathbb{R}^3$ 中定义的内积是一个实值函数，它不是 $\mathbb{R}^3$ 中的封闭运算，而 $\mathbb{R}^3$ 中定义的叉积是一个封闭运算：对任意 $(a_1,b_1,c_1),(a_2,b_2,c_2)\in\mathbb{R}^3$，

$$(a_1,b_1,c_1)\times(a_2,b_2,c_2)=\begin{vmatrix} i & j & k \\ a_1 & b_1 & c_1 \\ a_2 & b_2 & c_2 \end{vmatrix}\in\mathbb{R}^3$$

其中，i,j,k 是三条坐标轴上的单位向量，三阶行列式按定义展开是 i,j,k 的一个线性组合。这个叉乘与四元素的乘法有一些相当的性质。感兴趣的读者可以自己去学习和探讨哈密尔顿四元数代数系统与代数系

统$\mathbb{R}^3$的共性和不同，比如$\mathbb{R}^3$中的叉乘的交换律也不成立，交换顺序叉乘也是只差一个符号。

乘法满足交换律的复数系统，进一步沿着这个方向扩展，必须放弃一些好的东西。这里放弃了乘法交换律，得到一个乘法非交换的新的数系。实际上，这一步是从通常的数系，跨越到矩阵系统，也就是线性代数领域。后面我们将专门介绍线性代数中与我们的主题相关的一些结论和思想。

有人沿着哈密尔顿的复数拓展想法继续思索。1843年，约翰·格雷夫斯(John Graves)在给哈密尔顿的信中提到八元数(Octonion)的概念。后来八元数由凯莱(Arthur Cayley)在1845年独自发表。凯莱发表的八元数和格雷夫斯给哈密尔顿的信中所提及的并无关系。

八元数可视为是通过实数构造而成的八维向量空间，它的乘法是由八个单位元素$1,i,j,k,l,m,n,o$遵循乘法规则进行的，具体乘法如下：

$$i^2=j^2=k^2=l^2=m^2=n^2=o^2=-1$$

$$i=jk=lm=on=-kj=-ml=-no$$

$$j=ki=\ln=mo=-ik=-nl=-om$$

$$k=ij=lo=nm=-ji=-ol=-mn$$

$$l=mi=nj=ok=-im=-jn=-ko$$

$$m=il=oj=kn=-li=-jo=-nk$$

$$n=jl=io=mk=-lj=-oi=-km$$

$$o=ni=jm=kl=-in=-mj=-lk$$

记由这八个元素的一切实线性组合组成的集合为

$O=\{a_0 1+a_1 i+a_2 j+a_3 k+a_4 l+a_5 m+a_6 n+a_7 o \mid a_i\in\mathbb{R},i=0,1,\cdots,7\}$

从上面的乘法表可以看出八元数乘法不满足交换律和结合律，从而进入非交换非结合代数系统了，超出线性代数的考虑范畴，属于抽象代数领域。

到此，会有人问，如此抽象的代数系统，似乎跟实际问题没有多大的联系。实际上，大家可以看看比较新的一篇文章《最为复杂的数字形态：八元数与现实世界紧密联系》[1]："数学家和物理学家几十年前就猜想，组成物质世界的力和粒子的规律可以用八元数来描述，但是一直未能证明这一点。直到这一次，科尔·福瑞发现了粒子物理学标准模型和八元数之间的关系。"

由于科学技术发展的需要，向量、张量、矩阵、群、环、域等概念不断产生，把数学研究推向新的高峰。这些概念都应列入数字计算的范畴，但归入超复数中不太合适，所以，人们将复数和超复数称为狭义数，把向量、张量、矩阵等概念称为广义数。尽管人们对数的归类法还有某些分歧，但在承认数的概念还会不断发展这一点上，意见是一致的。到目前为止，数的家庭已发展得十分庞大，其中由一些简单元素的(线性)组合生成的代数系统的研究是一支永恒的主线。

1.3　自然数的表示理论

对于带有加法和乘法的自然数代数系统来讲，一些理论结果有的大家熟悉，有的不熟悉。尽管有的知识知道，但是它们的重要性和学习数学的指导作用并没有引起学生的重视。这里我们强调这些思想的重要性。当我们在学习后续的任何数学课程乃至其他专业的课程时，其概念、定理、命题等陈述或证明有时与自然数中的相关知识是有联系的，只不过是没有注意到。所以说，如果我们对自然数中的知识比较熟悉，那我们就会发现后续数学课程中的类似知识一方面给出来是很自然的，有的证明也是很相似的，或者说证明的思想方法是一致的。一个学生如果能够做到这一步，我想他(她)会觉得数学课程乃至其他专业课程的学习并不是那么可怕，从而会把数学课程的学习作为一种乐趣的事情来做。

本读物就是要概观性地介绍自然数中的一些概念、结论(基本上是一些著名的定理和命题，像算术基本定理、哥德巴赫猜想等)以及这些结论的思想和证明的方法，然后在一些主要的数学课程中简述相关的概念和结论，它们给出的思想和证明方法几乎完全基于自然数中的相关概念和结论。所以，有的数学学习好的学生在学习这些课程时，往往会自己给出证明，说明他(她)们熟悉自然数的知识。

1.3.1 自然数的乘法分解表示

大约公元前 350 年，欧几里得(Euclid)在他伟大的十三卷著作原本中用了许多篇幅来讨论素数，特别是他证明了每一个比 1 大的正整数要么本身是一个素数，要么可以写成一系列素数的乘积。如果不考虑这些素数在乘积中的顺序，那么写出来的形式是唯一的，如：$14=2\times7$，$21=3\times7$，等等。等号右边的表达式分别是数 14 与 21 的素数分解。这个事实被称为算术基本定理。它告诉我们素数好比化学家的原子，是所有整数得以构成的基本砌块。可以用这些比较简单的元素表示一般的自然数，即为算术基本定理：

定理 1.3.1 任何一个大于 1 的正整数 n 都可以分解成有限个素数

方幂的乘积，并且在不考虑先后顺序的情况下，这个分解是唯一的，即

$$n=p_1^{\alpha_1}p_2^{\alpha_2}\cdots p_m^{\alpha_m}$$

其中，p_i，$i=1,2,\cdots,m$，是素数，α_i，$i=1,2,\cdots,m$，是正整数。

我们把这个结果称为自然数的一种内表问题。内表问题是代数系统研究的一个主要方向。

鉴于对数函数的性质，我们可以考虑一种乘积分解与加法分解的转换。对算术基本定理中的自然数的乘法分解式两端同时取自然对数，得到

$$\ln n=\alpha_1\ln p_1+\alpha_2\ln p_2+\cdots+\alpha_m\ln p_m$$

即 $\ln n$ 可以唯一地写成 $\ln p_1,\ln p_2,\cdots,\ln p_m$ 的正整数线性组合，并且当 $n=1$ 时，乘积分解中的 $\alpha_1=\alpha_2=\cdots\alpha_m=0$，加法分解式中也有恒等式 $\ln 1=0=0\ln p_1+0\ln p_2+\cdots+0\ln p_m$。在素数分布的研究中用到对数函数，这里只是提一下这样一个有趣的结果：如果将 $\ln p$，p 取一切素数，做成生成元，取它们的一切有限非负整数线性组合，考虑在其中定义通常的加法，构成一个交换代数系统（属于群的概念交换孤（conmmutative monoid）），如果借用线性代数的语言，子集｛$\ln p$，p 取一切素数｝是一个最大线性无关组。笔者在素数方面没有研究，也许在考虑素数分布问题时，这样的考虑是有用的。

1.3.2　自然数的加法分解表示

这里以哥德巴赫猜想为例。这个问题是德国数学家哥德巴赫（Goldbach）于 1742 年 6 月 7 日在给大数学家欧拉（Euler）的信中提出的，所以被称作哥德巴赫猜想。同年 6 月 30 日，欧拉在回信中认为这个猜想可能

是真的，但他无法证明。现在，哥德巴赫猜想的一般提法是：每个大于等于 6 的偶数，都可表示为两个奇素数之和；每个大于等于 9 的奇数，都可表示为三个奇素数之和。其实，后一个命题就是前一个命题的推论（$2n+1=2(n-1)+3$）。

哥德巴赫猜想貌似简单，要证明它却着实不易，成为数学中一个著名的难题。在 18、19 世纪，数论专家对这个猜想的证明都没有做出实质性的推进，直到 20 世纪才有所突破。1937 年苏联数学家维诺格拉多夫（Виноградов）用他创造的"三角和"方法证明了"任何大奇数都可表示为三个素数之和"。不过，维诺格拉多夫的所谓大奇数要求大得出奇，与哥德巴赫猜想的要求相距甚远。

直接证明哥德巴赫猜想不行，人们采取了迂回战术，就是先考虑把偶数表为两数之和，而每一个数又是若干素数之积。如果把命题"每一个大偶数可以表示成一个素因子个数不超过 a 个的数与另一个素因子不超过 b 个的数之和"，记作"$a+b$"，那么哥氏猜想就是要证明"1＋1"成立。从 20 世纪 20 年代起，外国和中国的一些数学家先后证明了"9＋9"（布朗，1920），"7＋7"（马赫，1924），"6＋6"（埃斯特曼，1932），"5＋7""4＋9""3＋15""2＋366"（蕾西，1937），"5＋5"（布赫夕太勃，1938），"4＋4"（布赫夕太勃，1940），"1＋c"（其中 c 是一个很大的自然数，瑞尼，1948），"3＋4""3＋3""2＋3"（王元，1956），"1＋5"（潘承洞、巴尔巴恩，1962），"1＋4"（王元，1962），"1＋3"（布赫夕太勃、小维诺格拉多夫、朋比利，1965）。1966 年，我国年轻的数学家陈景润经过多年潜心研究后，成功地证明了"1＋2"，也就是"任何一个大偶数都可以表示成一个素数与另一个素因子不超过 2 个的数之和"。这是迄今为止这一研究领域最佳的成果，距摘取这颗

“数学王冠上的明珠”仅一步之遥，在世界数学界引起轰动。“1＋2”被誉为陈氏定理。

针对整数的加法分解的问题还有很多种：李维猜想（法国数学家米勒·勒穆瓦纳，1895）：所有大于 5 的奇数 n 都能写成一个素数和另一个素数两倍之和；华林－哥德巴赫猜想（中国数学家华罗庚，1938）：对于任何正整数 n，是否存在一个数 k，使得每个充分大的整数都可以写成 k 个素数的 n 次方幂之和；堆垒数论问题：每一个充分大的自然数都可以写成 4 个素数之和。所有这些基于哥德巴赫猜想的研究都遵循用简单元素通过加法和乘法表示一般正整数原则。

1.4　整数的等价关系与做商集

关于有理数的产生，我们在 1.2 节已做了简单的陈述。这里，我们着重介绍从已知的代数系统产生新的代数系统的方法，即做“商”，或等价地，利用一种集合中的二元等价关系构造商集。这种方法几乎出现在所有的数学课程之中。

什么是集合中元素的等价关系呢？

定义 1.4.1　设 S 是一个非空集合。在 S 中给定一种二元关系，记作“～”，如果它满足下面的三个条件：

（E1）反身性，即对任何 $a\in S$，$a\sim a$；

（E2）对称性，即对任何 $a,b\in S$，如果 $a\sim b$，则 $b\sim a$；

（E3）传递性，即对任何 $a,b,c\in S$，如果 $a\sim b$，$b\sim c$，则 $a\sim c$，

则称～是 S 中元素间的一个等价关系。

我们知道,集合的等价关系无处不在,在一个固定的人群集合中,“同乡”是一个等价关系,“同姓”是一个等价关系,“同岁”是一个等价关系。在整数集合中,“相等”“同奇偶”“模 m 同余”(其中 m 是任何一个给定的正整数)都是等价关系。在任何一门数学课程中都要提到等价关系,并具有非常丰富的例子。

下面我们介绍如何从整数系统出发构造集合中的等价关系产生我们比较熟悉的属于初等数学的商代数系统。

1.4.1 有理数的等价类表示

考虑整数集 $\mathbb{Z}$。任取两个正整数 m,n,我们用“商”的形式做一个形式符号$\frac{m}{n}$,所有这种形式符号做成一个集合,记作$\overline{\mathbb{Z}}$。在$\overline{\mathbb{Z}}$中考虑一种二元关系$\sim$:$\frac{m}{n},\frac{m_1}{n_1}\in\overline{\mathbb{Z}}$,$\frac{m}{n}\sim\frac{m_1}{n_1}$当且仅当 $mn_1=nm_1$。容易证明这是$\overline{\mathbb{Z}}$中元素之间的一个等价关系。按照等价关系分类,得到$\overline{\mathbb{Z}}$中的每个元素属于而且仅属于一类。以类为元素构成新的集合,其元素即等价类,记作$\left[\frac{m}{n}\right]$,$\frac{m}{n}$称为所在类的代表元,它可以是具有同一个既约等价分式的任何一个分式。这个集合记作$\overline{\overline{\mathbb{Z}}}=\left\{\left[\frac{m}{n}\right]\mid m,n\in\mathbb{Z}\right\}$。在$\overline{\overline{\mathbb{Z}}}$中定义加减法、乘法及乘法的逆运算除法,可以证明它是一个域,在不计较符号的情况下,它就是有理数域$\mathbb{Q}$。

可见,利用整数集关于加法、乘法的代数系统的元素做出的“商集”中的等价关系构造出新的商代数系统,具有加法、乘法和乘法的逆运算除法

的代数系统，是一个最小的无限数域，在后面介绍环理论时，称有理数域为整数环的分式域。这里需要读者进一步注意的另一个概念是在每一个商集的元素，即等价类中有唯一的元素——既约分数，可以看作该类中最简单的代表元。在做其他代数系统的商代数系统时，也考虑这样的问题，下面介绍的整数代数系统的模 m 的商代数系统中的元素，同余类中的最简单的代表元是 $0,1,\cdots,m-1$。在线性代数中，实数域上 $m\times n$ 矩阵全体做成的代数系统中的矩阵等价关系，矩阵 A 可以经过有限次初等变换得到矩阵 B（等价地，A 与 B 具有相同的秩）的等价类中最简单的元素是它们的标准形，即主对角线上有 $r(A)$ 个 1，其他位置都是 0 的同型矩阵，其中 $r(A)$ 是矩阵 A 的秩。

1.4.2　抽象的等价类"商"系统

现在，假设已知一个代数系统 A，带有运算"·"，同样这个运算符号我们可以省略不写。如果在 A 中存在一个等价的二元关系"$\sim$"，这时 A 就有一个分类：每一个元素属于而且只属于一类，每一类称为一个等价类。在每一个等价类中选定一个代表元 a，它所在的等价类记作"$[a]$"。以等价类为元素做成一个新的集合，称为 A 关于等价关系"$\sim$"的商集，记作"$A/\sim$"。接着，我们考虑在 $A/\sim$ 中定义运算。当然，其运算要和 A 的运算"·"相匹配，称为代数系统 A 关于等价关系"$\sim$"的"商代数系统"。是不是 A 的任何一个等价关系 $\sim$ 确定的商集 $A/\sim$ 中可以定义由 A 的运算"·"诱导的相应运算使得 $A/\sim$ 是 A 的商代数系统，这是需要讨论的问题。但是对于特殊的等价关系"$\sim$"，由"·"可以诱导出商集 $A/\sim$ 上的运算，通常称为定义是合理的(well-defined)，也记作"·"或可以省略不写：$[a][b]=[ab]$，使得运算与各类的代表元选取无关，从而得到相应的一个商代数系统。下面我们举一个与整数有关的例子。

在整数系统（环）$\mathbb{Z}$，考虑加法、减法和乘法运算。设 m 是任意正整数，m 的一切倍数组成的集合记为“$[0]$”。我们用“商”的想法构造如下一个集合：

用 m 除每一个整数 a，余数是 $0,1,\cdots,m-1$ 其中之一。把余数相同（比如 $r(0\leqslant r\leqslant m-1)$）的整数放在一起作为一类，记为“$[r]$”，这样就得到 m 个类，称为 $\mathbb{Z}$ 模 m 的同余类：$[0],[1],\cdots,[m-1]$。在其中定义加法“$+$”和乘法“$\cdot$”：

$$[a]+[b]=[a+b]$$

$$[a][b]=[ab]$$

之所以有定义的运算是合理的（well-defined），是因为整数系统（环）$\mathbb{Z}$ 有良好的性质（后面在介绍环论时说明）。关于这两种运算就构成了一个新的代数系统，称为 $\mathbb{Z}$ 模 m 的商代数系统（商环），也称同余类环。当 $m=p$ 为素数时，还可以定义其中的乘法逆运算，使得这个商环是一个包含 p 个元素的有限域。

另外我们考虑矩阵代数中的一个例子。关于矩阵方面的更多结论和示例，我们将在后面继续介绍。

设 $\mathbb{R}^{2\times2}$ 表示实数域上所有 2 阶方阵的全体，

$$\mathbb{R}^{2\times2}=\left\{A=\begin{pmatrix}a_{11} & a_{12}\\ a_{21} & a_{22}\end{pmatrix}\middle| a_{ij}\in\mathbb{R},i,j=1,2\right\}$$

考虑通常的矩阵加法“$+$”和矩阵乘法“$\times$”（乘法符号可以省略），$\mathbb{R}^{2\times2}$ 是一个代数系统（$\mathbb{R}^{2\times2},+,\times$）。在 $\mathbb{R}^{2\times2}$ 中定义一个等价关系“$\sim$”

如下：

$$A,B\in\mathbb{R}^{2\times 2},A\sim B\ \text{当且仅当}\ A,B\ \text{具有相同的秩}$$

在线性代数中这个等价关系是指 A 可以经过有限次初等变换得到 B，等价形式还有 A,B 具有相同的标准形。

在这个等价关系下，等价类所包含的矩阵是具有相同秩的矩阵，共有三类，组成商集

$$\mathbb{R}^{2\times 2}/\sim=\{[O],[E],[I]\}$$

其中，$O=\begin{pmatrix}0&0\\0&0\end{pmatrix}$，$E=\begin{pmatrix}1&0\\0&0\end{pmatrix}$，$I=\begin{pmatrix}1&0\\0&1\end{pmatrix}$是三个类的代表元。这里，$\mathbb{R}^{2\times 2}$ 的加法和乘法是否可以诱导出商集 $\mathbb{R}^{2\times 2}/\sim=\{[O],[E],[I]\}$ 上的加法和乘法使得它是一个商代数系统，回答是否定的，因为$\begin{pmatrix}1&0\\0&0\end{pmatrix}$，$\begin{pmatrix}-1&0\\0&0\end{pmatrix}$是$[E]$中的两个代表元，$\begin{pmatrix}1&0\\0&1\end{pmatrix}$是$[I]$的代表元。按照通常的诱导运算，

$$\begin{pmatrix}1&0\\0&0\end{pmatrix}+\begin{pmatrix}1&0\\0&1\end{pmatrix}=\begin{pmatrix}2&0\\0&1\end{pmatrix}\in[I]\text{，而}\begin{pmatrix}-1&0\\0&0\end{pmatrix}+\begin{pmatrix}1&0\\0&1\end{pmatrix}=\begin{pmatrix}0&0\\0&1\end{pmatrix}\in[E]$$

其结果与代表元的选取有关。在后面学习环论时会讨论一个环中什么样的等价关系确定的商集上可以定义诱导运算使得商集是商环。

下面我们在几门数学课程中简单地列举一些类似的涉及代数系统的“内表”和“外延”的示例及相关理论。

第二章　线性代数中的内表问题

正如在第一章中提到的，数的发展，从复数到四元数，是乘法满足交换律到放弃乘法交换律的过渡，从而进入更加抽象的“数”——矩阵，而矩阵是线性代数研究的主要对象。本章我们接着介绍线性代数，它应该算作第二代数学模型——抽象代数的比较简单的内容。

瑞典数学家戈丁(Garding)在他的著作 Encounter with Mathematics[5]（《数学概观》，胡作玄译）[6]这样讲道：“如果不熟悉线性代数的概念，像线性性、向量、线性空间、矩阵等，要去学习自然科学，现在看来就和文盲差不多，甚至可能学习社会科学也是如此。”笔者也认为代数（包括线性空间、抽象代数）可以说是数学知识的根基，任何数学课程所研究的对象几乎都是建立在这些抽象的基础代数结构上的。线性代数是从初等数学到高等数学的第一个入门课程，尽管在初等数学中碰到过线性代数中抽象定义的对象，比如二维平面、三维几何空间，但是，在初等数学中还没有上升到给出一个抽象的线性空间的概念，也就是现代数学用公理化的方法

定义代数系统。

线性代数是以公理化的方法定义具有“加法”和“数乘”运算的代数系统——线性空间，以矩阵和行列式为工具，研究该代数系统的结构、性质、运算，以及这类代数系统之间线性映射或到自己的线性变换。具体到 n 维向量空间，将考虑初等数学中几何的扩展与线性方程组的求解问题。线性代数的内容非常丰富，这里，我们直接进入抽象概念，并基于自然数“内表”“外延”思想介绍相关的示例。

2.1　线性空间

从初等数学中的二维平面（记作 $\mathbb{R}^2$）、三维几何空间（记作 $\mathbb{R}^3$）出发，参考它们作为代数系统的运算法则，线性代数首先把它们推广到更加一般的概念，即实数域 $\mathbb{R}$ 上的线性空间。

定义 2.1.1　设 V 是一个非空集合，$\mathbb{R}$ 是实数域。在 V 中定义一个二元运算，称为加法，即对任何 $\alpha,\beta\in V$，存在唯一的元素，记作 $\alpha+\beta$，与它们对应，称为它们的和，以及一个 $\mathbb{R}$ 的数 r 与 V 中的元素 α 之间的乘法，称为数乘，即对任何 $r\in\mathbb{R}$，任何 $\alpha\in V$，存在唯一的元素，记作 $r\alpha$，与它们对应。如果两种运算满足下面八条运算法则，则称 V 是实数域 $\mathbb{R}$ 上的线性空间（或称向量空间）：

（Ⅰ）加法满足交换律：对任何 $\alpha,\beta\in V$，$\alpha+\beta=\beta+\alpha$；

（Ⅱ）加法满足结合律：对任何 $\alpha,\beta,\gamma\in V$，$(\alpha+\beta)+\gamma=\alpha+(\beta+\gamma)$；

（Ⅲ）存在 V 中的一个元素，记作“0”，使得对任何 $\alpha\in V$，$0+\alpha=\alpha$，可证这样的元素是唯一的，称为零元；

(Ⅳ)对任何 $\alpha \in V$,存在 $\beta \in V$,使得 $\alpha+\beta=0$,β 称为 α 的负元,可证一个元素的负元是唯一的,记作“$-\alpha$”;

(Ⅴ)对任何 $\alpha \in V$,$1\alpha=\alpha$;

(Ⅵ)对任何 $r \in \mathbb{R}$ 和任何 $\alpha,\beta \in V$,$r(\alpha+\beta)=r\alpha+r\beta$;

(Ⅶ)对任何 $r,t \in R$ 和任何 $\alpha \in V$,$(rt)\alpha=r(t\alpha)$;

(Ⅷ)对任何 $r,t \in R$ 和任何 $\alpha \in V$,$(r+t)\alpha=r\alpha+t\alpha$。

可以定义任何数域上的线性空间,但是在线性代数中我们只考虑实数域上的线性空间。

实数域上的线性空间是无限集,自然要考虑元素的表示问题,要考虑它的元素之间的关系,并且找到有限个或无限个元素把它的一般元素都可以通过这组特殊元素表示出来。这就是在线性代数中的一个“内表”问题。

通常线性空间的元素称为向量,线性空间也称向量空间。这也是初等数学中二维平面和三维几何空间中元素称为“向量”的概念的沿用,所以,下面我们均称线性空间的向量。

参考三维几何空间的概念和相关结论,我们先抽象地介绍一般线性空间的相应概念。

2.1.1 向量的线性表示(线性表出)和线性组合

定义 2.1.2 设 V 是实数域 $\mathbb{R}$ 上的线性空间,$\alpha_1,\alpha_2,\cdots,\alpha_s,\beta \in V$。如果存在一组数 $k_1,k_2,\cdots,k_s \in \mathbb{R}$,使得

$$\beta=k_1\alpha_1+k_2\alpha_2+\cdots+k_s\alpha_s$$

则称 β 可由 $\alpha_1,\alpha_2,\cdots,\alpha_s$ 线性表示或线性表出,这时 β 称为 $\alpha_1,\alpha_2,\cdots,\alpha_s$

的线性组合。

例 2.1.1　在三维几何空间 $\mathbb{R}^3$ 中，取 $\alpha_1=(1,0,0)$，$\alpha_2=(0,1,0)$，$\alpha_3=(0,0,1)$，$\beta=(3,2,1)$，则 $\beta=3\alpha_1+2\alpha_2+1\alpha_3$，$\beta$ 是 $\alpha_1,\alpha_2,\alpha_3$ 的线性组合。

例 2.1.2　次数不超过 3 的实系数一元多项式集合

$$\mathbb{R}[x]_3=\{a_0+a_1x+a_2x^2\,|\,a_0,a_1,a_2\in\mathbb{R}\}$$

是实数域上的一个线性空间，每一个元素可以写成 $1,x,x^2$ 的线性组合。

例 2.1.3　实数域上 3×2 矩阵组成的集合

$$\mathbb{R}^{2\times3}=\left\{\begin{pmatrix}a_{11} & a_{12} & a_{13}\\ a_{21} & a_{22} & a_{23}\end{pmatrix}\middle|\,a_{ij}\in\mathbb{R},i=1,2;j=1,2,3\right\}$$

是实数域上的线性空间，每一个元素 $\begin{pmatrix}a_{11} & a_{12} & a_{13}\\ a_{21} & a_{22} & a_{23}\end{pmatrix}$ 都可以写成

$$\begin{pmatrix}a_{11} & a_{12} & a_{13}\\ a_{21} & a_{22} & a_{23}\end{pmatrix}=\sum_{i=1}^{2}\sum_{j=1}^{3}a_{ij}E_{ij}$$

其中，E_{ij} 是第 i 行第 j 列交叉位置元素是 1，其余元素为 0 的 3×2 的矩阵。

2.1.2　线性相关与线性无关

定义 2.1.3　设 V 是实数域上的线性空间，$\alpha_1,\alpha_2,\cdots,\alpha_s$ 是其中一组向量。如果存在一组不全为零的数 $k_1,k_2,\cdots,k_s\in\mathbb{R}$，使得

$$k_1\alpha_1+k_2\alpha_2+\cdots+k_s\alpha_s=0$$

则称 $\alpha_1,\alpha_2,\cdots,\alpha_s$ 线性相关，否则称线性无关。

比如，例 2.1.1 的 $\alpha_1,\alpha_2,\alpha_3,\beta$ 线性相关，因为 $1\beta+(-3)\alpha_1+(-2)\alpha_2$

$+(-1)\alpha_3=0$;例 2.1.2 中的 $1,x,x^2$ 线性无关;例 2.1.3 中的 E_{ij} 线性无关,$i=1,2$;$j=1,2,3$。这里要注意一个问题,定义要求“不全为零”的一组数,而不是“全不为零”的一组数。向量组只要含有零向量,就一定线性相关,比如 $\gamma=(1,2,3)$,$\gamma_2=(0,0,0)$,由于 0 和 1 不全为零,$0\gamma_1+1\gamma_2=0$。

线性相关和线性无关有多种等价形式,如 $\alpha_1,\alpha_2,\cdots,\alpha_s$ 线性相关当且仅当其中至少有一个向量可以由其余向量线性表出(线性表示);如果 $\alpha_1\neq 0$,则必存在下标 $m\leqslant s$,使得 α_m 可以由它前面的 $m-1$ 个向量线性表示,即存在 $k_1,k_2,,\cdots,k_{m-1}$,使得 $\alpha_m=k_1\alpha_1+k_2\alpha_2+\cdots+k_{m-1}\alpha_{m-1}$;如果 $\alpha_s\neq 0$,则必存在下标 $m<s$,使得 α_m 可以由它后面的 $s-m$ 个向量线性表示,即存在 $k_{m+1},k_{m+2},\cdots,k_s$,使得 $\alpha_m=k_{m+1}\alpha_{m+1}+\cdots+k_{s-1}\alpha_{s-1}+k_s\alpha_s$。$\alpha_1,\alpha_2,\cdots,\alpha_s$ 线性无关当且仅当其中任何一个向量都不能由其余向量线性表出(线性表示);当且仅当 $k_1\alpha_1+k_2\alpha_2+\cdots+k_s\alpha_s=0$ 必有 $k_1,k_2,\cdots,k_s$ 都为零。

2.1.3 基与维数

定义 2.1.4 如果在线性空间 V 中存在 n 个线性无关的向量 $\alpha_1,\alpha_2,\cdots,\alpha_n$,使得 V 中任何向量可以表示成它们的线性组合,则称线性空间 V 是 n 维线性空间,n 称为它的维数,记作 $\dim V=n$,而 $\alpha_1,\alpha_2,\cdots,\alpha_n$ 称为 V 的一组基。

到此,我们在线性代数中触及线性空间的“内表”问题。它是三维几何空间结论的推广。那么,自然要考虑取什么样的特殊基,对于空间中问题的刻画和研究更加有利?我们知道在三维几何空间 R^3 中有三个向量比较特殊:$e_1=(1,0,0)$,$e_2=(0,1,0)$,$e_3=(0,0,1)$,即三个坐标向量,它

们分别位于三个互相垂直的坐标轴上，也就是三个向量是两两正交的长度为 1 的向量(称为单位向量)，每一个三维向量 $\alpha=(x,y,z)$可以表示为它们的线性组合 $\alpha=xe_1+ye_2+ze_3$，其线性组合的系数恰好是它的相应坐标分量。那么，要在一般的线性空间中确定这样的一组基，需要线性空间再上一个"层次"，即后面定义的内积空间(下面将继续介绍)。

2.1.4　线性方程组解的表示

我们在初等代数的学习中，线性方程组一般涉及三个未知量、三个方程，这主要是要借助几何给学生有一个直观的认识，每一个方程都表示三维几何空间中的一张平面，对于齐次线性方程组，它们是通过坐标原点的平面，所以它们有公共解零。如果方程组有非零解，则一定有无穷多个解，在三维几何空间中是一条直线或一张平面。对于非齐次线性方程组，三张平面的位置可能出现三种情形：第一种情形是三张平面没有公共点，即方程组没有解；第二种情形是三张平面交于一点，即方程组有唯一解；第三种情形是三张平面交于一条直线或平面，这时方程组也有无穷多个解。不论是齐次线性方程组还是非齐次线性方程组，对于无穷多个解的情形，都涉及一个问题，就是能否找到有限个解把所有解表示出来。

首先，我们看一下两种方程组在有无穷多解时，它们的解集是一个什么样的代数系统。为了证明便利，我们需要把线性方程组用矩阵的形式表示。

设 n 个未知量 m 个方程的线性方程组为

$$\begin{cases} a_{11}x_1+a_{12}x_2+\cdots+a_{1n}x_n=b_1 \\ a_{21}x_1+a_{22}x_2+\cdots+a_{2n}x_n=b_2 \\ \quad\cdots\cdots \\ a_{m1}x_1+a_{m2}x_2+\cdots+a_{mn}x_n=b_m \end{cases}$$

当等号右端都为零时，称为齐次线性方程组，否则称为非齐次线性方程组。它们的矩阵表示为 $AX=b$ 和 $AX=0$，其中

$$A=\begin{pmatrix} a_{11} & a_{12} & \cdots & a_{1n} \\ a_{21} & a_{22} & \cdots & a_{2n} \\ \vdots & \vdots & \vdots & \vdots \\ a_{m1} & a_{m2} & \cdots & a_{mn} \end{pmatrix}, b=\begin{pmatrix} b_1 \\ b_2 \\ \vdots \\ b_m \end{pmatrix}, X=\begin{pmatrix} x_1 \\ x_2 \\ \vdots \\ x_n \end{pmatrix}$$

0 表示 m 维零列向量。

用方程组的矩阵表达式很容易证明齐次线性方程组的解集

$$S_0=\{X\in\mathbb{R}^n \mid AX=0\}$$

是 $\mathbb{R}^n$ 的线性子空间，称为方程组的解空间。而可解非齐次线性方程组的解集

$$S_b=\{X\in\mathbb{R}^n \mid AX=b\}$$

是 $\mathbb{R}^n$ 的一个仿射集，即对于任何 $\beta_1,\beta_2,\cdots,\beta_l\in S_b$ 及任何 $k_1,k_2,\cdots,k_l\in\mathbb{R}$，$k_1+k_2+\cdots+k_l=1$ 都有 $k_1\beta_1+k_2\beta_2+\cdots+k_l\beta_l\in S_b$。

下面，我们对这样两个代数系统介绍其内表问题。

定理 2.1.1 若 n 个未知量 m 个方程的线性方程组的解空间 $S_0=\{X\in\mathbb{R}^n \mid AX=0\}$ 含非零解，则在 S_0 中可以找到 $n-r(A)$ 个解向量 $\alpha_1,\alpha_2,\cdots,\alpha_{n-r(A)}$，使得 S_0 中的每一个解向量 α 都可以唯一地表示成 $\alpha_1,\alpha_2,\cdots,\alpha_{n-r(A)}$ 的线性组合，其中 $r(A)$ 表示矩阵 A 的秩，$\alpha_1,\alpha_2,\cdots,$

$\alpha_{n-r(A)}$称为齐次线性方程组的基础解系。

对于给定的非齐次线性方程组 $AX=b, X\in\mathbb{R}^n$，相应的齐次线性方程组 $AX=0, X\in\mathbb{R}^n$ 称为它的导出组。

定理 2.1.2　若 n 个未知量 m 个方程的线性方程组有解，先求它的一个特解 β_0，再求导出组的一个基础解系 $\alpha_1,\alpha_2,\cdots,\alpha_{n-r(A)}$，则任何解向量 $\beta\in S_b=\{X\in\mathbb{R}^n\mid AX=b\}$，都可以唯一地表示为这个特解与导出组的基础解系的一切线性组合之和，即

$$\beta=\beta_0+k_1\alpha_1+k_2\alpha_2+\cdots+k_{n-r(A)}\alpha_{n-r(A)}$$

其中 $k_1,k_2,\cdots,k_{n-r(A)}$ 取一切实数。

或者换一种说法：$\beta_0+\alpha_1,\beta_0+\alpha_2,\cdots,\beta_0+\alpha_{n-r(A)}$ 是

$$S_b=\{X\in\mathbb{R}^n\mid AX=b\}$$

中仿射无关的 $n-r(A)$ 的解向量，使得任何解向量 $\beta\in S_b=\{X\in\mathbb{R}^n\mid AX=b\}$，都可以唯一地表示为 $\beta_0+\alpha_1,\beta_0+\alpha_2,\cdots,\beta_0+\alpha_{n-r(A)}$ 的仿射组合。$\beta=k_1(\beta_0+\alpha_1)+k_2(\beta_0+\alpha_2)+\cdots+k_{n-r(A)}(\beta_0+\alpha_{n-r(A)})$，其中 $k_1,k_2,\cdots,k_{n-r(A)}$ 取一切实数，满足 $k_1+k_2+\cdots+k_{n-r(A)}=1$。

2.2　内积空间

线性空间还只是一个与数域相伴的具有数乘和加法运算的代数系统，是一个静态的代数系统，要对这样的代数进行分析刻画，需要引进距离的概念，考虑极限运算，即变成动态的数学，这样就要在线性空间的基础上产生新的概念，其中之一就是内积空间，也称欧氏空间。

2.2.1 内积空间的定义

定义 2.2.1 设 V 是实数域上的 n 维线性空间。在 V 中定义一个二元函数,即对任何 $\alpha,\beta\in V$,存在唯一的实数和它们对应。如果它满足下面三个条件,则称这个二元函数在 V 上定义了一个内积,记作 (α,β),V 称为实数域上的内积空间,

Ⅰ. 对称性:对任何 $\alpha,\beta\in V$,$(\alpha,\beta)=(\beta,\alpha)$;

Ⅱ. 线性性:对任何 $k_1,k_2\in\mathbb{R}$,任何 $\alpha_1,\alpha_2,\beta\in V$,

$$(k_1\alpha_1+k_2\alpha_2,\beta)=k_1(\alpha_1,\beta)+k_2(\alpha_2,\beta);$$

Ⅲ. 正定性:对任何 $\alpha\in V$,$(\alpha,\alpha)\geqslant 0$,并且 $(\alpha,\alpha)=0$ 当且仅当 $\alpha=0$。

例 2.2.1 解析几何中的三维几何空间 $\mathbb{R}^3=\{(a,b,c)\mid a,b,c\in\mathbb{R}\}$,它对于向量的加法和实数与向量的数乘是一个线性空间,对任意的 $\alpha_1=(a_1,b_1,c_1)$,$\alpha_2=(a_2,b_2,c_2)\in\mathbb{R}^3$,定义向量的内积

$$(\alpha_1,\alpha_2)=a_1a_2+b_1b_2+c_1c_2$$

$\mathbb{R}^3$ 就是实数域上的一个内积空间。

例 2.2.2 闭区间 $[a,b]$ 上的一切连续函数组成的集合,记作 $C[a,b]$,在通常的函数加法和实数与函数的数乘下是实数域上的无限维线性空间。在 $C[a,b]$ 中定义内积

$$(f(x),g(x))=\int_a^b f(x)g(x)dx$$

$C[a,b]$ 是实数域上的一个内积空间。

2.2.2 向量的长度

由内积定义中的条件Ⅲ可以定义向量长度:对于 $\alpha\in V$,α 的长度(或

模)(记作 $\|\alpha\|$)定义为：$\|\alpha\|=\sqrt{(\alpha,\alpha)}$ 。长度等于 1 的向量称为单位向量。

向量的长度满足如下性质：

1°正定性：对任意的 $\alpha\in V$，$\|\alpha\|\geqslant 0$；且 $\|\alpha\|=0\Leftrightarrow\alpha=\theta$；其中 θ 是 V 的零元素；

2°齐次性：对任意的 $k\in\mathbb{R}$，$\alpha\in V$，$\|k\alpha\|=|k|\,\|\alpha\|$；

3°Cauchy 不等式：对任意的 $\alpha,\beta\in V$，$|(\alpha,\beta)|\leqslant\|\alpha\|\,\|\beta\|$；

4°三角不等式：对任意的 $\alpha,\beta\in V$，$\|\alpha+\beta\|\leqslant\|\alpha\|+\|\beta\|$。

由 2°可得对任何一个非零向量 $\alpha\in V$，$\alpha_0=\frac{1}{\|\alpha\|}\alpha$ 有 $\|\alpha_0\|=1$，称为把向量 α 单位化。

2.2.3　向量的夹角

由 Cauchy 不等式可以定义向量的夹角：对于任意的 $\alpha,\beta\in V$，当 $\alpha\neq 0$，$\beta\neq 0$ 时，定义 α,β 的夹角为：

$$\varphi=\arccos\frac{(\alpha,\beta)}{\|\alpha\|\,\|\beta\|}\quad(0\leqslant\varphi\leqslant\pi)$$

若 $(\alpha,\beta)=0$，则称 α 与 β 正交，记为 $\alpha\perp\beta$，这时 $\varphi=\frac{\pi}{2}$。

2.2.4　标准正交基

在线性空间中，我们的一个主要任务是找到一组向量，把该空间的任何一个向量用它们唯一地表示出来(即线性组合)，当然这组向量不是唯一的，有的向量组有好的表现，正如 $\mathbb{R}^3$ 中的(1,0,0)，(0,1,0)，(0,0,1)，

任意$(a,b,c)\in\mathbb{R}^3$，

$$(a,b,c)=a(1,0,0)+b(0,1,0)+c(0,0,1)$$

我们知道这三个向量是两两正交的长度为1的向量，在表达式中的组合系数正好是它的三个分量，那么，在一般的内积空间中我们也要考虑这样的部分向量组。

在内积空间V，两两正交的非零向量组称为正交向量组；由单位向量组成的正交向量组称为标准正交向量组。

当$V=R^3$时，以上结论就是通常的初等数学中的相应概念。这样，我们就可以在内积空间中考虑一种特殊的基了。

内积空间V的由标准正交向量组构成的基称为标准正交基。

定理 2.2.1 n维内积空间V存在标准正交基$\alpha_1,\alpha_2,\cdots,\alpha_n$，使得任何向量$\alpha\in V$都可以唯一地表示为

$$\alpha=k_1\alpha_1+k_2\alpha_2+\cdots+k_n\alpha_n$$

其中，$k_i=(\alpha,\alpha_i)$，$i=1,2,\cdots,n$。

为了更好地理解这个概念，我们再举一个例子。

例 2.2.3 在内积空间R^4中下面四个向量是一个标准正交基：

$$\gamma_1=\left(\frac{1}{\sqrt{2}}\quad\frac{1}{\sqrt{2}}\quad 0\quad 0\right),\gamma_2=\left(\frac{1}{\sqrt{2}}\quad -\frac{1}{\sqrt{2}}\quad 0\quad 0\right)$$

$$\gamma_3=\left(0\quad 0\quad\frac{1}{\sqrt{2}}\quad\frac{1}{\sqrt{2}}\right),\gamma_4=\left(0\quad 0\quad\frac{1}{\sqrt{2}}\quad -\frac{1}{\sqrt{2}}\right)$$

任何$\gamma=(a\quad b\quad c\quad d)\in R^4$，

$$\gamma=\left(\frac{1}{\sqrt{2}}\right)(a+b)\gamma_1+\left(\frac{1}{\sqrt{2}}\right)(a-b)\gamma_2+\left(\frac{1}{\sqrt{2}}\right)(c+d)\gamma_3+\left(\frac{1}{\sqrt{2}}\right)(c-d)\gamma_4$$

而且这个表达式是唯一的。

2.3 矩　阵

矩阵是线性代数的一个主要概念，一方面它主要用作工具，建立、简化与线性代数相关的问题的理论。同时它也有丰富的理论内涵。这里，我们只介绍与我们主题相关的一些概念与结果。由于矩阵集合作为相伴各种运算的代数系统有非常丰富的内部表示问题，所以，我们将介绍一些超出线性代数而属于矩阵论的分解表示结果。

设$\mathbb{R}^{m\times n}$表示实数域$\mathbb{R}$上全体$m\times n$矩阵组成的集合。该集合中定义了加法"+"，即两个$m\times n$矩阵的和仍是一个$m\times n$矩阵，其元素是两个矩阵对应元素的和。当$m=n$时，称为n阶方阵。全体n阶方阵组成的集合$\mathbb{R}^{n\times n}$中定义了加法"+"、乘法"×"(在运算时一般省略不写)。当然，在实数与矩阵之间还有"数乘"，这样，$\mathbb{R}^{m\times n}$就可以归类为作为实数域上线性空间，考虑其内部表示问题。

我们现在把$\mathbb{R}^{m\times n}$和$\mathbb{R}^{n\times n}$分别看作带有一个和两个运算的代数系统来考虑它们的"内表"问题。

2.3.1　$\mathbb{R}^{m\times n}$中元素基于秩的分解

设$A\in\mathbb{R}^{m\times n}$，$A$的行向量组的秩与列向量组的秩相等，定义为矩阵的秩，记作$r(A)$。当然，矩阵的秩越小越容易有好的表示式，下面考虑矩阵基于秩的分解，即用秩1矩阵表示一般的矩阵。

(1)秩1矩阵分解

$A\in\mathbb{R}^{m\times n}$的秩为1当且仅当

$$A=\begin{pmatrix}a_1\\a_2\\\vdots\\a_m\end{pmatrix}(b_1,b_2,\cdots,b_n)=\begin{pmatrix}a_1\\a_2\\\vdots\\a_m\end{pmatrix}\begin{pmatrix}b_1\\b_2\\\vdots\\b_n\end{pmatrix}^T$$

其中，$a_1,a_2,\cdots,a_m$ 不全为零，$b_1,b_2,\cdots,b_n$ 不全为零，$\bullet^T$ 表示矩阵的转置。这里行矩阵和列矩阵看作简单元素。

(2)秩 r 矩阵的加法分解

任何秩为 $r\neq0$ 的矩阵 $A\in\mathbb{R}^{m\times n}$ 都可以分解成 r 个秩为 1 的属于 $\mathbb{R}^{m\times n}$ 的矩阵之和，即存在矩阵 $A_i\in\mathbb{R}^{m\times n}$，$r(A_i)=1$，$i=1,2,\cdots,m$，使得

$$A=A_1+A_2+\cdots+A_m$$

这里 A_i 看作简单元素。

因为这个结果的证明思路是比较重要并常用的，所以我们给出其证明：$A\neq0$ 等价于它的标准形，即存在 m 阶可逆矩阵 P 和 n 阶可逆矩阵 Q，使得

$$PAQ=\begin{pmatrix}I_r&0\\0&0\end{pmatrix}$$

其中，矩阵中的 I_r 是 r 阶单位矩阵，其他 0 为相应的零矩阵。那么用 P^{-1} 左乘，Q^{-1} 右乘上式，得

$$A=P^{-1}\begin{pmatrix}I_r&0\\0&0\end{pmatrix}Q^{-1}$$

另外

$$\begin{pmatrix} I_r & 0 \\ 0 & 0 \end{pmatrix}=E_{11}+\cdots+E_{rr}$$

从而，我们有

$$A=P^{-1}(E_{11}+\cdots+E_{rr})Q^{-1}=P^{-1}E_{11}Q^{-1}+\cdots+P^{-1}E_{rr}Q^{-1}$$

这里，E_{ii} 表示在位置(i,i)处是 1、在其他位置是 0 的同阶方阵。

因为可逆矩阵乘任何可以乘的矩阵不改变矩阵的秩，所以，上面就是把 A 分解成 r 个秩为 1 的矩阵之和，秩为 1 的矩阵看成是简单元素。

特别地，作为实数域上的线性空间 $\mathbb{R}^{m\times n}$，用基表示，有下面的唯一表达式：

$$A=\sum_{i=1}^{m}\sum_{j=1}^{n}a_{ij}E_{ij}$$

其中，a_{ij} 为 A 的第 i 行第 j 列元素，E_{ij} 为第 i 行第 j 列元素为 1、其他元素为 0 的 $m\times n$ 矩阵，看作简单元素。

注：一般考虑表示问题时，要考虑两件事：第一是可表示的事情，第二是表示的唯一性的事情。上面最后的一个强调了表示的唯一性，前面两个没有提到。感兴趣的读者可以进一步考虑它们的唯一性问题：如果是唯一的，给出证明；否则给出反例。

2.3.2　$\mathbb{R}^{n\times n}$ 中元素的对称与反对称和分解

在学习初等数学时，我们有下面的一个关于函数的表示问题：

任何一个具有对称定义域的一元函数可以分解成一个偶函数($f(-x)=f(x)$)和一个奇函数($f(-x)=-f(x)$)之和，即

$$f(x)=\frac{1}{2}(f(x)+f(-x))+\frac{1}{2}(f(x)-f(-x))$$

这里偶函数和奇函数看作特殊元素。而且这个表示是唯一的，因为若

$$f(x)=g(x)+h(x)=g_1(x)+h_1(x)$$
$$g(-x)=g(x),g_1(-x)=g_1(x)$$
$$h(-x)=h(x),h_1(-x)=h_1(x)$$

则

$$g(x)-g_1(x)=h_1(x)-h(x)$$
$$g(x)-g_1(x)=g(-x)-g_1(-x)=h_1(-x)-h(-x)$$
$$=-h_1(x)+h(x)$$

从而

$$h_1(x)-h(x)=-h_1(x)+h(x)$$

故有

$$2(h(x)-h_1(x))=0$$
$$h(x)-h_1(x)=0$$
$$h(x)=h_1(x)$$

和

$$g(x)=g_1(x)$$

在学习线性代数时，我们会考虑到矩阵的类似分解。

定理 2.3.1 任何矩阵 $A\in\mathbb{R}^{n\times n}$ 都可以分解成一个对称矩阵和一个反对称矩阵之和，即存在对称矩阵 $B(B^T=B)$和反对称矩阵 $C(C^T=-C)$，使得

$$A=B+C$$

同样取

$$B=\frac{1}{2}(A+A^T),C=\frac{1}{2}(A-A^T)$$

这里对称矩阵和反对称矩阵看作特殊元素。可以看出，这个结果的证明完全类似于以上一元函数表示的证明，并且仿照上面关于函数的对称与反对称表示的唯一性，可证这个表示是唯一的。

在复矩阵代数系统$\mathbb{C}^{n\times n}$中有类似的表示。设$A=(a_{ij})_{n\times n}\in\mathbb{C}^{n\times n}$。$A$的共轭矩阵定义为$\overline{A}=(\overline{a_{ij}})_{n\times n}$，即每一个元素取共轭复数。如果$\overline{A}^T=A$，则称$A$为 Hermite 矩阵；如果$\overline{A}^T=-A$，则称$A$为斜 Hermite 矩阵。

定理 2.3.2　任何n阶复矩阵A都可以唯一地写成一个 Hermite 矩阵与一个斜 Hermite 矩阵之和：

$$A=\frac{1}{2}(A+\overline{A}^T)+\frac{1}{2}(A-\overline{A}^T)$$

这些结果进一步说明后续的高等数学中的一些结果完全类似于初等数学中的相应结果，在其他高层次的数学分支中也有类似的结论。鉴于此，我们可以更好地理解、认识和证明后续数学课程中的相应结论。不仅对数学的学习而且对数学的研究工作也会有一定的指导作用。

2.3.3　$\mathbb{R}^{n\times n}$中元素的乘积分解

在代数系统$\mathbb{R}^{n\times n}$中，考虑乘法，有比较简单的元素，如初等矩阵，即对单位矩阵做一次初等变换所得矩阵。那么，我们应该考虑$\mathbb{R}^{n\times n}$的元素用初等矩阵的“内表”问题。

(1) $\mathbb{R}^{n\times n}$中元素的初等矩阵乘积分解

类似于自然数的算术基本定理，n 阶方阵有下面的乘法分解表示定理。

定理 2.3.3 对于任何矩阵 $A\in\mathbb{R}^{n\times n}$，存在初等矩阵 P_i，$Q_j\in\mathbb{R}^{n\times n}$，$i=1,2,\cdots,s$，$j=1,2,\cdots,t$，使得

$$A=P_1\cdots P_sA_rQ_1\cdots Q_t$$

其中，A_r 是主对角线有 $r(A)$ 个 1、其余元素为 0 的矩阵(称为 A 的矩阵等价意义下的标准型)，这里初等矩阵和 A_r 看作简单元素。这个结论的特殊情形是任何一个 n 阶可逆矩阵都可以写成有限个 n 阶初等矩阵的乘积，即

$$A=P_1\cdots P_s$$

其中，$P_1,\cdots,P_s$ 是 n 阶初等矩阵。

显然这种分解不是唯一的，例如设 $A=\begin{pmatrix}1&0\\0&12\end{pmatrix}$，

$$A=\begin{pmatrix}1&0\\0&12\end{pmatrix}=\begin{pmatrix}1&0\\0&2\end{pmatrix}\begin{pmatrix}1&0\\0&6\end{pmatrix}$$

$$=\begin{pmatrix}1&0\\0&3\end{pmatrix}\begin{pmatrix}1&0\\0&4\end{pmatrix}$$

(2) $\mathbb{R}^{n\times n}$ 中元素的 LU 分解

需要两个相关的概念。设 $A\in\mathbb{R}^{n\times n}$。

$$A=\begin{bmatrix}a_{11}&a_{12}&\cdots&a_{1n}\\a_{21}&a_{22}&\cdots&a_{2n}\\\vdots&\vdots&\vdots&\vdots\\a_{n1}&a_{n2}&\cdots&a_{nn}\end{bmatrix}$$

称

$$\begin{vmatrix} a_{11} & a_{12} & \cdots & a_{1i} \\ a_{21} & a_{22} & \cdots & a_{2i} \\ \vdots & \vdots & \vdots & \vdots \\ a_{i1} & a_{i2} & \cdots & a_{ii} \end{vmatrix}$$

为矩阵 A 的第 i 个顺序主子式，$i=1,2,\cdots,n$。

如果在矩阵 A 中对角线以上的元素均为零，称为下三角矩阵，主对角元素为 1 的下三角矩阵称为单位下三角矩阵；如果主对角线以下的元素均为零，称为上三角矩阵。

定理 2.3.4　设 $A\in\mathbb{R}^{n\times n}$。如果 A 的所有顺序主子式不等于零，则它可以分解成一个单位下三角矩阵和一个三角矩阵之积，即，存在单位下三角矩阵 $L\in\mathbb{R}^{n\times n}$ 和上三角矩阵 $U\in\mathbb{R}^{n\times n}$ 使得

$$A=LU$$

这里单位下三角矩阵和上三角矩阵看作简单元素。并且这个分解是唯一的。

这个分解称为 A 的 LU 分解。该定理的证明分两步。第一步对可逆矩阵 A 做一系列初等行变换化成上三角矩阵，由于 A 的顺序主子式都不等于零，所做的初等变换都是第一类初等变换，即某一行乘以一个数加的下面的某一行，这样的初等变换对应的初等矩阵单位下三角矩阵，单位下三角初等矩阵乘积是单位下三角矩阵，而单位下三角矩阵的逆阵仍是单位下三角矩阵，得到 A 的 LU 分解。第二步证明用单位下三角矩阵的乘积仍是单位下三角矩阵，上三角矩阵的乘积仍是上三角矩阵以及即是下三角又是上三角的矩阵是对角矩阵。

(3) $\mathbb{R}^{n\times n}$ 中元素的 QR 分解

定义 2.3.1 $A\in\mathbb{R}^{n\times n}$ 称为正交矩阵，如果 $A^TA=E$。

定理 2.3.5 设可逆矩阵 $A\in\mathbb{R}^{n\times n}$，则它可以分解成一个正交矩阵和一个上三角矩阵之积，即存在正交矩阵 $Q\in\mathbb{R}^{n\times n}$ 和上三角矩阵 $U\in\mathbb{R}^{n\times n}$，使得

$$A=QU$$

并且当要求 U 的主对角线上元素为正数时，这个分解是唯一的。这里，正交矩阵和上三角矩阵看作简单元素。

这种分解称为可逆矩阵的 QR 分解。这个定理的证明分两步：

第一步是用施密特(Schmidt)标准正交化方法对可逆矩阵 A 的线性无关列向量组进行标准正交化，即对 A 做初等列变换得到一个正交矩阵，而初等列变换对应的初等矩阵的乘积是一个可逆上三角矩阵，再根据可逆上三角矩阵的逆阵也是上三角矩阵，得到 A 的 QR 分解，即分解的存在性。

第二步是根据正交矩阵的乘积仍是正交矩阵，上三角矩阵的乘积仍是上三角矩阵，正交上三角矩阵只能是单位矩阵，得到表示的唯一性。

2.3.4 $\mathbb{C}^{n\times n}$ 中元素的奇异值分解

定义 2.3.2 矩阵 $A\in\mathbb{C}^{n\times n}$ 称为酉矩阵，如果 $AA^*=E$，其中 A^* 是 A 的共轭转置矩阵。

容易证明酉矩阵的行列式的模等于 1。

奇异值是矩阵中的概念，一般通过奇异值分解定理求得。奇异值分解是线性代数和矩阵论中一种重要的矩阵分解法，适用于信号处理和统

计学等领域。

定义 2.3.3　设$A\in\mathbb{C}^{m\times n}$，$q=\min(m,n)$，$A^*A$ 的q 个非负特征值的算术平方根称为A 的奇异值。

定义 2.3.4　设$A\in\mathbb{C}^{m\times n}$。如果$A$ 的对称单元互为共轭，即A 的共轭转置矩阵A^H 等于它本身，则A 称为埃尔米特矩阵。

显然，埃尔米特矩阵是实对称阵的推广。

我们看到奇异值是对一般的复矩阵定义的。这里只介绍实方阵对应的奇异值分解。关于复方阵的情形在下面介绍，对一般的矩阵的奇异值分解不做介绍。

定理 2.3.6　任何矩阵$A\in\mathbb{R}^{n\times n}$ 都可以分解成两个正交矩阵和一个对角矩阵之积，即存在正交矩阵$Q_1,Q_2\in\mathbb{R}^{n\times n}$ 和对角矩阵$\Sigma\in\mathbb{R}^{n\times n}$，$\Sigma=diag(\sigma_1,\sigma_1,\cdots,\sigma_r,0,\cdots,0)$，$\sigma_i>0$，$i=1,2,\cdots,r$，使得

$$A=Q_1\Sigma Q_2$$

这里正交矩阵和对角矩阵看作简单元素。

2.3.5　$\mathbb{C}^{n\times n}$ 中矩阵的极分解

在线性代数和泛函分析里，一个矩阵或线性算子的极分解是一种类似于复数之极坐标分解的分解方法。这里体现了万物皆数的理念。

一个复数z 可以用它的模和辐角表示为

$$z=re^{i\theta}$$

其中，r 是z 的模——一个正实数，而θ 则为z 的辐角。

定理 2.3.7　对于任何$A\in\mathbb{C}^{n\times n}$，存在一个酉矩阵$U$ 和一个半正定的埃尔米特矩阵P，使得

$$A = UP$$

称为矩阵 A 的极分解。当 A 是可逆矩阵时，分解是唯一的，并且 P 必然为正定矩阵。

注意到：$|A| = |U||P| = re^{i\theta}$，其中 $r = |P|$，$|U| = e^{i\theta}$。可以看出极分解与复数的极坐标分解的相似之处：矩阵 P 可以写成 $P = \sqrt{A^* A}$。由于 $A^* A$ 是半正定的埃尔米特矩阵，它的平方根唯一存在，所以这个式子是有意义的。而矩阵 U 可以通过表达式 $U = AP^{-1}$ 得到。

对矩阵 A 进行奇异值分解，得到 $A = W\Sigma V$，可以导出其极分解：

$$P = V\Sigma V^*, U = WV^*$$

可以看到导出的矩阵 P 是正定矩阵，而 U 是酉矩阵。

对称地，矩阵 A 也可以被分解为：

$$A = QU$$

这里的 U 仍然是原来的酉矩阵，而

$$Q = UPU^{-1} = \sqrt{AA^*} = W\Sigma W^*$$

这个分解一般称为左极分解，而前面的分解称为右极分解。左极分解有时也被称为逆极分解。

矩阵 A 是正规的当且仅当 $Q = P$。这时 $U\Sigma = \Sigma U$，并且 U 可以用与 Σ 交换的酉对称矩阵 S 进行酉对角化，这样就有 $SUS^* = \Phi$，其中 Φ 是一个表示辐角的酉对角矩阵 e。如果设 $Q = VS$，那么极分解就可以被改写为

$$A = (Q\Phi Q^*)(Q\Sigma Q^*)$$

因此，矩阵 A 有谱分解：

$$A = Q\Lambda Q^*$$

其中,A 的特征值为复数,$\Lambda\Lambda = \Sigma$。

对于实矩阵的情形,也有类似的结论,即对任何 n 阶可逆实矩阵 A 都可以唯一地分解成一个正定矩阵 P 和一个正交矩阵 Q 的乘积,即

$$A = PQ$$

2.3.6　方阵关于对称矩阵和对合矩阵的分解

这里再介绍一个特殊矩阵的概念。

定义 2.3.5　如 $A \in \mathbb{R}^{n\times n}$ 满足 $A^2 = E$,则称 A 为对合矩阵。如果 $A^2 = A$,则称 A 为幂等矩阵。

定义 2.3.6　设 $A \in \mathbb{C}^{m\times n}$。如果 A 满足 $AA^H = A^HA$,则 A 称为正规矩阵。

任意一个矩阵,如果有三个性质(对称矩阵、正交矩阵、对合矩阵)中的任意两个性质,则必有第三个性质。

实数域上方阵关于对称矩阵和(或)对合矩阵的分解表示问题有比较丰富的结论[7]。从 20 世纪 50 年代至今,已有不少关于这方面的文章,主要考虑两个问题:

(1)把矩阵分解为有限个特殊方阵的乘积。例如,1974 年 Sampson 证明了行列式等于 ± 1 的实矩阵可以分解为有限个实对合矩阵的乘积。1975 年 Radjavi 进一步指出,Sampson 的结论对任意域上的 n 阶方阵都成立,并且分解式中的因子个数不超过 $2n-1$。1978 年,Ballantine 证明了域上 n 阶可逆方阵必可分解为幂等矩阵的乘积。

(2)为了减少分解式中因子的个数,专门就矩阵能否分解为两个特殊

矩阵的乘积做了讨论。例如,1966 年 Wonenburger 证明了:如果域的特征数不等于 2,则域上的行列式等于±1 的矩阵 A 可以分解为两个对合阵的乘积的充要条件是 A 可逆,且 A 相似于它的逆阵。

定理 2.3.8[8] 对任何 $A\in\mathbb{C}^{n\times n}$,存在对称矩阵 $S_1,S_2\in\mathbb{C}^{n\times n}$,使得

$$A=S_1S_2$$

这里对称矩阵看成是简单元素。

1980 年屠伯勋证明了一般数域 F 上的 n 阶方阵关于对称矩阵的分解定理。

定理 2.3.9[9] 数域 F 上的 n 阶方阵可以分解为 F 上有限个对称矩阵的乘积;任何实的正规矩阵必可以分解为两个实对称矩阵的乘积;任何实方阵必可以分解为不超过 3 个的实对称矩阵的乘积;任何实的幺模矩阵必可以分解为个数不超过 3 个的幺模实对称矩阵的乘积。任何 H 矩阵必可分解为个数不超过 2 个的 Hermite 矩阵的乘积。

1985 年程指军在对称矩阵分解方面得到了更进一步的结果。

定理 2.3.10[10] 域 F 上的任何 n 阶方阵必可以分解为两个对称矩阵的乘积,而且可使一个矩阵可逆,而另一个矩阵与 A 同秩。

还有一些这方面的矩阵分解结果,如参考文献[11],我们在这里不再赘述。

第三章　高等代数中的内表和外延问题

高等代数除了线性代数的内容外，还包含多项式以及其他涉及多项式的非线性问题的介绍。本章将介绍线性代数之外的属于高等代数的代数系统的内表和外延问题。

3.1　多项式的内表问题

设 F 是一个数域（如有理数域$\mathbb{Q}$、实数域$\mathbb{R}$、复数域$\mathbb{C}$），系数取自 F 的多项式集合，记作

$$F[x]=\{a_nx^n+a_{n-1}x^{n-1}+\cdots+a_1x+a_0 \mid a_i\in F,\ i=0,1,\cdots,n,n\text{ 是非负整数}\}$$

在初等数学中，$x,x^2,\cdots,x^n,\cdots$称为单项式，当然可以认为是属于 $F[x]$比较简单的元素。那么，任意一个多项式都可以唯一地表示成 1 和有限个单项式的线性组合。这是把 $F[x]$看成具有加法和数乘的无限维

代数系统,由简单元素表示一般元素的问题。$1,x,x^2,\cdots,x^n,\cdots$称为 F 上的无限维线性空间 $F[x]$的一组(Hamel)基。当 n 是固定的正整数时,数域 F 上一切次数不超过 n 的多项式集合,记作

$$F_n[x]=\{a_{n-1}x^{n-1}+\cdots+a_1x+a_0|a_i\in F,i=0,1,\cdots,n-1,n\text{ 是非负整数}\}$$

是数域 F 上的 n 维线性空间,$1,x,x^2,\cdots,x^{n-1}$ 是一组基,任何一个元素都可以唯一地表示为

$$p(x)=a_0 1+a_1x+\cdots+a_{n-1}x^{n-1},\ a_i\in F,i=0,1,\cdots,n-1$$

3.1.1 一元多项式算术基本定理

考虑 $F[x]$中的元素针对乘法运算的内表问题。

定义 3.1.1 设 $p(x)\in F[x]$是一个次数大于 1 的多项式。如果它不能分解成两个次数比它低的 $F[x]$中的多项式的乘积,则称 $p(x)$为数域 F 上的不可约多项式。

数域上不可约多项式类似于素数。

比如 $x+1,x^2+1$ 是实数域上的不可约多项式,而 x^2+1 是复数域上的可约多项式,因为 $x^2+1=(x+\sqrt{-1})(x-\sqrt{-1})$。

关于多项式的算术基本定理,其证明和自然数的算术基本定理的证明完全类似。所以说,只要对自然数的结果和证明比较熟悉,就会很清楚地认识到下面定理给出的自然性和证明定理的步骤。

定理 3.1.1(一元多项式算术基本定理) 任意次数大于 1 的多项式 $f(x)\in F[x]$都可以分解成一个常数和 $F[x]$中首系数为 1 的不可约多项式方幂的乘积,并且在不考虑因式的先后顺序的情况下,分解是唯一的,即

$$f(x)=ap_1^{\alpha_1}(x)p_2^{\alpha_2}(x)\cdots p_m^{\alpha_m}(x)$$

其中，a 为非零常数，$p_i(x),i=1,2,\cdots,m$，是 F 上首系数为 1 的不可约多项式，$\alpha_i,i=1,2,\cdots,m$，是正整数。

当 $F=\mathbb{R}$ 时：上述结论是任何次数大于 1 的实系数多项式都可以分解成非零常数与一次和（或）二次不可约的首项系数为 1 的实系数多项式方幂的乘积，即

$$f(x)=a(x+a_1)^{\alpha_1}\cdots(x+a_k)^{\alpha_k}(x^2+a_{k+1}x+b_{k+1})^{\alpha_{k+1}}\cdots(x^2+a_sx+b_s)^{\alpha_s}$$

其中，$a,a_i,b_j\in\mathbb{R},i=1,\cdots s;j=k+1,\cdots,s,\alpha_i$ 是正整数且 $a_j^2-4b_j<0$，$j=k+1,\cdots s$。

当 $F=\mathbb{C}$ 时：上述结论是任何次数大于 1 的复系数多项式都可以分解成非零常数和次数为 1 的首系数为 1 的多项式方幂的乘积，即

$$f(x)=a(x+a_1)^{\alpha_1}\cdots(x+a_s)^{\alpha_s},a_i\in\mathbb{C},\alpha_i \text{ 是正整数},i=1,\cdots,s$$

有理系数一元多项式代数系统 $\mathbb{Q}[x]$ 的内表问题较实系数和复系数一元多项式代数系统 $\mathbb{R}[x]$，$\mathbb{C}[x]$ 中的内表问题要复杂。因为存在任何次数的有理数域上不可约的多项式，比如 $x^n-2,n\in\mathbb{Z}^+$。这里简单介绍在有理系数多项式中刻画内表问题，如何体现把一个复杂问题化解成简单问题去处理的思想方法。

根据一元多项式的算术基本定理，任何一个次数大于 1 的有理系数多项式都可以唯一地分解成有理数域上不可约多项式的乘积。那么，有理数域上的不可约多项式又可以怎样进一步分解呢？

有理系数多项式可以写成一个有理数与一个本原多项式的乘积，本原多项式即为系数互素的整系数多项式。

在高等代数中有这样一个结论：若一个非零整系数多项式可以分解

成两个次数较低的有理系数多项式的乘积，则它一定可以分解成两个次数较低的整系数多项式的乘积。可见，探讨有理系数多项式的可约性问题转化成探讨整系数或本原多项式的可约性问题，因为任何一个整系数多项式可以写成一个整数和一个本原多项式的乘积。

所以，代数系统$\mathbb{Q}[x]$内部表示问题可以陈述为：

定理 3.1.2 任何一个有理系数多项式都可以唯一地表示为一个有理数与有限个整数(环)上不可约多项式的乘积。这里整数环上的多项式是指

$$\mathbb{Z}[x]=\{a_nx^n+\cdots+a_1x+a_0 \mid a_i\in\mathbb{Z},i=0,1,\cdots,n,n\text{ 是非负整数}\}$$

这是一个继整数环、数域上多项式环之后性质比较好的代数系统。它也有唯一分解定理(见第四章环)。

进一步，关于整系数多项式不可约性的讨论，我们有两个相关的定理。第一个是给出一个整系数多项式有一次因式，即：

定理 3.1.3 设 $f(x)=a_nx^n+\cdots+a_1x+a_0$ 是一个整系数多项式，而$\frac{r}{s}$是它的一个有理根，其中 r,s 互素，则必有 $s\mid a_n,r\mid a_0$。

第二个是整系数多项式在有理数域上不可约的 Eisenstein 判别法，即：

定理 3.1.4 设 $f(x)=a_nx^n+\cdots+a_1x+a_0$ 是一个整系数多项式，若有一个素数 p，使得

(E1)$p\nmid a_n$；

(E2)$p\mid a_{n-1},\cdots,a_1,a_0$；

(E3)$p^2\nmid a_0$，

则 $f(x)$在有理数域上不可约。

3.1.2　多元多项式的分解定理

令 $F[x_1,x_2,\cdots,x_n]$是数域 F 上的所有 n 元多项式组成的集合。设 $f(x_1,x_2,\cdots,x_n)\in F[x_1,x_2,\cdots,x_n]$。若对任意的 $i\neq j(1\leqslant i,j\leqslant n)$，均有

$$f(x_1,\cdots,x_i,\cdots,x_j,\cdots x_n)=f(x_1,\cdots,x_j,\cdots,x_i,\cdots x_n)$$

则称 $f(x_1,x_2,\cdots,x_n)$是 F 上的 n 元对称多项式。F 的所有 n 元对称多项式组成的集合记为 $SF[x_1,x_2,\cdots,x_n]$。显然，$SF[x_1,x_2,\cdots,x_n]$对多元多项式的加法和乘法是封闭的。那么，我们就有必要考虑这个代数系统中相对简单的元素，而把一般元素用这些元素表示。在 $SF[x_1,x_2,\cdots,x_n]$有一些简单的元素如下：

下列多项式称为 n 元初等对称多项式：

$$\sigma_1=x_1+x_2+\cdots+x_n=\sum\nolimits_{i=1}^{n}x_i$$

$$\sigma_2=x_1x_2+\cdots+x_1x_n+x_2x_3+\cdots+x_2x_n+\cdots+x_{n-1}x_n$$
$$=\sum_{1\leqslant i,j\leqslant n}x_ix_j$$

……

$$\sigma_n=x_1x_2\cdots x_n$$

定理 3.1.5(对称多项式基本定理)　设 $f(x_1,x_2,\cdots,x_n)$是数域 F 上的 n 元对称多项式，则存在 F 上唯一的一个多项式 $g(y_1,y_2,\cdots,y_n)$，使得

$$f(x_1,x_2,\cdots,x_n)=g(\sigma_1,\sigma_2,\cdots,\sigma_n)$$

3.2 线性空间基于线性变换的分解

正如我们考虑单纯集合的映射一样，一个集合到自身的映射称为这个集合上的变换。对于线性空间，一个线性空间到自己的保持加法和数乘运算的变换，称为这个线性空间上的线性变换，即：设V_n是数域F上的线性空间，φ是V_n到V_n的变换，如果对任何$\alpha,\beta\in V_n$及任何$k\in F$，都有

$$\varphi(\alpha+\beta)=\varphi(\alpha)+\varphi(\beta)$$

$$\varphi(k\alpha)=k\varphi(\alpha)$$

给定线性空间上的一个线性变换，基于这个线性变换，可以考虑把线性空间分解成一些特殊子空间的（直）和的形式，线性空间的每一个向量从而都可以（唯一地）写成这些特殊子空间的向量的和。通过这些空间的特质来研究整个空间的性质。我们列出下面一些有关的分解。

3.2.1 线性空间关于线性变换的谱分解

考虑数域F上n维线性空间V_n的线性变换$\varphi:V_n\to V_n$。如果存在数λ和非零n维向量$\alpha\in V_n$，使得$\varphi\alpha=\lambda\alpha$，则称$\lambda$为线性变换$\varphi$的特征值；$\alpha$称为$\varphi$的属于$\lambda$的特征向量；$V_\lambda=\{\alpha\in V_n\mid\varphi\alpha=\lambda\alpha\}$是$V_n$的线性子空间，称为$\varphi$的属于$\lambda$的特征子空间。$V_n$关于特征子空间有下面的分解定理：

定理 3.2.1（线性空间谱分解定理） 设$\lambda_1,\lambda_2,\cdots,\lambda_m$是$\varphi$的两两不等的特征值，则$V_n$可以分解为$\varphi$的特征子空间的直和，即

$$V_n=V_{\lambda_1}\oplus V_{\lambda_2}\oplus\cdots\oplus V_{\lambda_m}$$

相应地，对于线性空间元素的刻画是：线性空间中的每一个元素可以

唯一地表示成属于不同特征值的特征向量或零向量的和，即：对任何 $\alpha \in V_n$，

$$\alpha = \alpha_1 + \alpha_2 + \cdots + \alpha_m$$

其中 $\alpha_i \in V_{\lambda_i}, i=1,2,\cdots,m$，而且这个表达式是唯一的。

特征子空间是特殊的子空间，它的向量在 φ 的作用下是共线变换，即 $\varphi\alpha = \lambda\alpha$。可见，可把一个线性空间分解成有限个特殊的、比较简单的特征子空间之和。

3.2.2　基于线性变换的不变子空间分解

定理 3.2.2　设 φ 是复 n 维线性空间 V 上的线性变换，φ 的初等因子组为

$$(\lambda-\lambda_1)^{r_1}, (\lambda-\lambda_2)^{r_2}, \cdots, (\lambda-\lambda_s)^{r_s}$$

其中 $\lambda_i, i=1,2,\cdots,s$，是 φ 的两两不同的特征值，则 V_n 可以分解成 s 个不变子空间的直和

$$V = V_1 \oplus V_2 \oplus \cdots \oplus V_s$$

其中 V_i 的维数等于 r_i，且是 $\varphi - \lambda_i \boldsymbol{E}$ 的循环子空间（E 是恒等变换）。

若 $\lambda_1, \lambda_2, \cdots, \lambda_s$ 是 φ 的两两不同的特征值，则 V 可以分解成 s 个不变子空间的直和

$$V = V_{\lambda_1} \oplus V_{\lambda_2} \oplus \cdots \oplus V_{\lambda_s}$$

$$V_{\lambda_i} = \{\xi \mid (\varphi - \lambda_i E)^{r_i} \xi = 0, \xi \in V\}$$

3.2.3　基于正规算子的子空间分解

不同于以上的线性空间（内积空间）基于自身线性变换的分解表示，

我们还可以考虑结合线性空间(内积空间)上的线性函数对它进行内部分解表示。这需要一些新的概念。我们只是说明代数系统的内部表示问题,所以在这里只限制在实数域上的线性空间(内积空间),其他数域上的线性空间概念类似,结果类似。

设 V 是实数域 $\mathbb{R}$ 上的线性空间,把 $\mathbb{R}$ 看成 $\mathbb{R}$ 上的一维空间,则 $V\to\mathbb{R}$ 的任何一个线性映射称为 V 上的线性函数或泛函。若 $f:V\to\mathbb{R}$ 是线性函数,则对任何的 $\alpha,\beta\in V,r\in\mathbb{R}$,我们有

$$f(\alpha+\beta)=f(\alpha)+f(\beta),\ f(r\alpha)=rf(\alpha)$$

现令 V 是内积空间,内积用(,)表示。若 $\gamma\in V$ 是固定的某个向量,则

$$f(\alpha)=(\alpha,\gamma)$$

是 V 上的一个线性函数。反之,V 上任何一个线性函数都可以表示成这个形式。

设 V 是实数域 $\mathbb{R}$ 上的 n 维内积空间,φ 是 V 上的线性变换,则存在 V 上唯一的线性变换 φ^*,使得对一切 $\alpha,\beta\in V$,

$$(\varphi(\alpha),\beta)=(\alpha,\varphi^*(\beta))$$

这里的 φ^* 称为 φ 的伴随算子,简称为 φ 的伴随。

关于线性空间的算子和其伴随算子在同一组标准正交基下的矩阵有下面的关系:

定义 3.2.1 设 V 是实数域 $\mathbb{R}$ 上的 n 维内积空间,$\alpha_1,\alpha_2,\cdots,\alpha_n$ 是 V 的一组标准正交基,若 φ 在这组基下的矩阵是 $A=(a_{ij})$,则 φ^* 在这组基下的矩阵是 $A=(a_{ij})^T$。设 φ 是 V 上的线性变换,φ^* 是 φ 的伴随。若 $\varphi\varphi^*=\varphi^*\varphi$,则称 φ 是 V 上的正规算子。如果 $\alpha_1,\alpha_2,\cdots,\alpha_n$ 是 V 的一组基,φ 和 φ^* 在这组基下的矩阵分别是 A 和 A^T,则显然有 $AA^T=A^TA$。

满足这个条件的矩阵称为正规矩阵。

n 阶方阵的特征多项式相关的 Cayley-Hamilton 定理：设 A 是 n 阶方阵，$f(x)$是 A 的特征多项式，则 $f(A)=0$。反映在 n 维线性空间 V 上的线性变换 φ，就是 $f(\varphi)=0$，即零变换。由多项式的带余除法可得，存在唯一的首系数为 1 的次数最低的多项式，记作 $m(x)$，使得 $m(\varphi)=0$，$m(x)$称为线性变换 φ 的最小多项式。

这样，我们就有线性空间关于正规算子的分解表示。

定理 3.2.3　设 V 是实数域$\mathbb{R}$上的 n 维内积空间，φ 是 V 上的正规算子，$m(x)$是 φ 的最小多项式，且 $m_1(x)$，$m_2(x)$，…，$m_k(x)$是 $m(x)$的所有互不相同的首 1 不可约因式，则 $\deg m_i(x)\leqslant 2$，且

$$m(x)=m_1(x)m_2(x)\cdots m_k(x)$$

记 $W_i=\text{Ker}\ m_i(\varphi)$，则

$$V=W_1\oplus W_2\oplus\cdots\oplus W_k$$

其中"$\oplus$"表示直和，$W_i\perp W_j$，$(i\neq j)$。

3.3　线性变换基于线性空间的分解

反过来，线性空间（内积空间）上的线性变换可以基于线性空间进行如下的特殊线性变换的和分解和乘积分解。

3.3.1　线性变换的投影分解定理

若记 P_i 为线性空间 V_n 到特征子空间 V_{λ_i} 的正投影($P_i^2=P_i$)，则 V_n 上的任何线性变换有下面的分解定理：

定理 3.3.1 V_n 上的任何线性变换可以分解为

$$\varphi=\lambda_1 P_1+\lambda_1 P_2+\cdots+\lambda_m P_m$$

即一般的线性空间上的线性变换(或内积空间上的自伴算子)可以分解成特殊的在特征子空间上的正投影的线性组合,组合系数即为相应的特征值。

这里,正投影变换是简单的元素。

3.3.2 线性变换的极分解定理

定理 3.3.2 对于内积空间 V_n 上的任何线性变换 φ,存在 V_n 上的正交变换 ω 以及半正定自伴算子 ψ,使得 $\varphi=\psi\omega$,其中 ψ 是由 φ 唯一确定的。当 φ 是可逆线性变换时,ω 也唯一。

这里,正交变换和半正定自伴算子看作简单元素。

这个分解,似曾相识。在 2.3.1 节,我们介绍了关于 n 阶方阵的类似分解。实际上,n 阶方阵与 n 维线性空间(内积空间)上的线性变换之间有相当紧密的关系。这属于线性空间上的线性变换的表示问题(Representation of Liear transformation),就是用具体的矩阵表示线性变换。

为了更进一步认识对复杂事物要用简单的事物处理这样的一个哲学常识,这里,我们就代数领域关于代数系统的表示理论的思想做一简单的介绍。

在考虑一个代数系统的结构时,我们往往借用另外一个代数系统(集合)来刻画,比如一个有限集合上的置换组成的代数系统(它们的复合就是它们的乘积)用一个群作用这个集合的方法刻画,产生一套群表示理论;一个 n 维线性空间上的线性变换构成的代数系统(它们的和、复合以

及数乘)用 n 阶方阵集合来刻画;一个代数系统“格”用一个代数系统“模”上的变换来刻画。这些内容将在后面的相应章节介绍。

这里,简单说一下上面的分解和 2.3.1 节矩阵的分解之间的关系,且看它们的关系是通过什么方法建立起来的。

在线性空间 V_n 中确定一组基:$\alpha_1,\alpha_2,\cdots,\alpha_n$,用线性变换 φ 作用这些基向量,我们得到下面的一组表达式:

$$\varphi(\alpha_1)=a_{11}\alpha_1+a_{12}\alpha_2+\cdots+a_{1n}\alpha_n$$

$$\varphi(\alpha_2)=a_{21}\alpha_1+a_{22}\alpha_2+\cdots+a_{2n}\alpha_n$$

$$\cdots\cdots$$

$$\varphi(\alpha_n)=a_{n1}\alpha_1+a_{n2}\alpha_2+\cdots+a_{nn}\alpha_n$$

系数是唯一确定的,它们的矩阵表达式是:

$$\varphi(\alpha_1,\alpha_2,\cdots,\alpha_n)=(\alpha_1,\alpha_2,\cdots,\alpha_n)A$$

其中

$$A=\begin{pmatrix} a_{11} & a_{21} & \cdots & a_{n1} \\ a_{12} & a_{22} & \cdots & a_{n2} \\ \vdots & \vdots & \vdots & \vdots \\ a_{1n} & a_{2n} & \cdots & a_{nn} \end{pmatrix}$$

称为线性变换 φ 在基 $\alpha_1,\alpha_2,\cdots,\alpha_n$ 下的矩阵。在 2.3.1 节,对于矩阵 A,存在正交矩阵 Q 和正半定矩阵 S,使得 $A=SQ$。分别用 S 和 Q 做两个线性变换,即令

$$\psi(\alpha_1,\alpha_2,\cdots,\alpha_n)=(\alpha_1,\alpha_2,\cdots,\alpha_n)S$$

$$\omega(\alpha_1,\alpha_2,\cdots,\alpha_n)=(\alpha_1,\alpha_2,\cdots,\alpha_n)Q$$

则 $\varphi=\psi\omega$,其中 ω 是正交变换,ψ 是正半定自伴算子。

3.4　线性空间的商空间

我们仍然以实数域上的线性空间为例说明线性空间作为一个代数系统，如何参照整数系统（整数环）来考虑它的商代数系统——商空间。

设 V 是实数域 $\mathbb{R}$ 上的 n 维线性空间。W 是它的一个子空间，即对 V 的加法和数乘也构成一个线性空间。我们可以用 W 对 V 进行划分，即在 V 中建立一个二元关系，使之成为一个等价关系。

任意 $\alpha,\beta\in V$，定义 $\alpha\equiv\beta(\mathrm{mod}W)$，读作 α 与 β 模 W 同余当且仅当 $\alpha-\beta\in W$。容易证明这是 V 中向量的等价关系。以“同余类”为元素做成一个集合，记作 $V/W=\{[\alpha]|\alpha\in V$ 是 α 所在的同余类的代表元$\}$，在 V/W 中定义加法和数乘如下：

对任意的 $[\alpha],[\beta]\in V/W,r\in R$，

$$[\alpha]+[\beta]=[\alpha+\beta],\ r[\alpha]=[r\alpha]$$

可以证明这样定义运算是有意义的（well-defined），即相加和数乘的结果与代表元的选择没有关系，并且运算满足线性空间的八条公理。所以，$V/W=(V/W,+,\cdot)$ 也是实数域上的一个线性空间，称为 V 关于子空间 W 的商空间。因为在考虑整数模 m 同余类的加法和乘法时，也要说明这样一个结论：运算与代表元的选取无关，从而定义的运算是合理的（well-defined）。下面我们就线性空间的这个结果给出其证明。

证明：设 $[\alpha_1]=[\alpha_2]$，$[\beta_1]=[\beta_2]$。要证 $[\alpha_1+\beta_1]=[\alpha_2+\beta_2]$，$[r\alpha_1]=[r\alpha_2]$。

因为 $(\alpha_1+\beta_1)-(\alpha_2+\beta_2)=(\alpha_1-\alpha_2)+(\beta_1-\beta_2)$，且 $\alpha_1-\alpha_2,\beta_1-\beta_2\in W$，

又因为W是子空间，所以

$$(\alpha_1+\beta_1)-(\alpha_2+\beta_2)\in W$$

故

$$[\alpha_1+\beta_1]=[\alpha_2+\beta_2]$$

另外，$r\alpha_1-r\alpha_2=r(\alpha_1-\alpha_2)\in W$，所以$[r\alpha_1]=[r\alpha_2]$。证毕。

从线性空间上的线性变换出发，它的像组成的代数系统也是一个商空间。

设V是实数域$\mathbb{R}$上的n维线性空间，φ是V上的一个线性变换。相关的有两个V的子空间核与像空间：

$$\mathrm{Ker}\varphi=\{\alpha\in V\mid\varphi(\alpha)=0\}$$

$$\mathrm{Im}\varphi=\{\varphi(\alpha)\mid\alpha\in V\}$$

现在，我们同样用线性变换的核$\mathrm{Ker}\varphi$对线性空间V确定了一个等价关系：

$\alpha,\beta\in V$，$\alpha\sim\beta$，当且仅当$\alpha-\beta\in\mathrm{Ker}\varphi$，等价地，当且仅当

$$\varphi(\alpha)=\varphi(\beta)$$

α所在的类记作$\alpha+\mathrm{Ker}\varphi$，这里，$\alpha+\mathrm{Ker}\varphi=\{\alpha+w\mid w\in\mathrm{Ker}\varphi\}$。以类为元素做成一个集合，记作$V/\mathrm{Ker}\varphi=\{\alpha+\mathrm{Ker}\varphi\mid\alpha\in V\}$，对于任何$\alpha+\mathrm{Ker}\varphi,\alpha+\mathrm{Ker}\varphi\in V/\mathrm{Ker}\varphi$，对任何$r\in R$，定义加法和数乘如下：

$$(\alpha+\mathrm{Ker}\varphi)+(\beta+\mathrm{Ker}\varphi)=(\alpha+\beta)+\mathrm{Ker}\varphi$$

$$r(\alpha+\mathrm{Ker}\varphi)=r\alpha+\mathrm{Ker}\varphi$$

易证这两个定义是合理的(well-defined)，并且它们满足线性空间的八条公理。所以，它是实数域上的线性空间，称为V关于线性变换φ的商空间，并且可以证明下面给出的映射

$$\overline{\varphi}: V \to V/\mathrm{Ker}\varphi$$

$$\alpha \to \alpha + \mathrm{Ker}\varphi$$

是一个同构映射，即 $\overline{\varphi}$ 是一一对应，保持加法运算和数乘运算，称为从 V 到商空间的自然同构映射。

第四章　抽象代数中的内表和外延问题

抽象代数是研究代数结构的数学分支，应该说是一切数学课程的基石。也就是说，任何一门数学课程都与抽象代数的内容有关系。抽象代数中的一些结论或问题的证明思路在其他数学课程乃至其他专业课程中都有所体现。抽象代数涉及的代数系统有群、环、模、格。这里，我们依次简单地介绍整数集（环）中内表和外延思想方法在群、环代数系统中的拓展。

4.1　群

在某种意义下，群论这个科目是由三个基本概念做成的：同态（homomorphism）、正规子群（normal subgroup）和一个群由它的正规子群确定的商群（quotient group）。这三个概念在我们考虑群代数系统的内表外延方面是有用的。

首先，我们给出群的抽象定义。

定义 4.1.1 设G是一个非空集合，在G中定义一种二元运算“·”，称为“乘法”，它满足下面的条件，则称为群：

(G1) 结合律成立，即对任何$a,b,c\in G$，$(a\cdot b)\cdot c=a\cdot(b\cdot c)$；

(G2) 存在一个元素$e\in G$，称为单位元，使得对所有$a\in G$，都有$e\cdot a=a\cdot e=a$；

(G3) 对每一个元素$a\in G$，存在$b\in G$，使得$a\cdot b=b\cdot a=e$，这样的b是唯一的，记作a^{-1}，称为a的逆元。

如果群的乘法还满足交换律，即$a\cdot b=b\cdot a$，称为交换群或阿贝尔群。

作为一个主要的代数系统，具体的群的例子非常丰富。比如，整数集合对于数的加法满足以上条件，称为整数加群；非零有理数集、非零实数集和非零复数集对数的乘法均满足以上条件，称为相应数的乘法群；次数不超过n的数域F上的一元多项式集合$F[x]_n$对于多项式的加法满足以上条件，称为多项式加群；数域F上全体n阶方阵集合对于矩阵加法满足以上条件，称为n阶方阵加群；数域F上全体n阶可逆方阵集合对于矩阵乘法满足以上条件，称为n阶可逆方阵乘法群。但是，它不是交换群，因为矩阵乘法不满足交换律。

我们在学习高等代数（线性代数）的时候，有这样几个关于线性空间的概念和结论：

设V_1和V_2是数域F上的线性空间，如果存在V_1到V_2的映射$\varphi:V_1\to V_2$，使得对于任何$\alpha,\beta\in V_1$，任何$r\in F$都有

$$\varphi(\alpha+\beta)=\varphi(\alpha)+\varphi(\beta),\varphi(r\alpha)=\varphi r(\alpha)$$

则称 φ 是从 V_1 到 V_2 的线性映射，如果这个映射是一一映射，则称 φ 是从 V_1 到 V_2 的同构映射，这时称 V_1 和 V_2 是同构的线性空间。

数域 F 上的 n 维线性空间都是同构的。在同构的意义下，n 维线性空间只有一个，即 $F^n=\{(a_1,a_2,\cdots,a_n)\mid a_i\in F,i=1,2,\cdots,n\}$。如何建立它们之间的同构映射在线性代数都有介绍，这里不再赘述。

定义 4.1.2　群 G 的一个非空子集 N，如果它对于 G 的乘法也构成一个群，称为 G 的子群，记作 $N\leqslant G$。如果子群 N 还满足：对任何 $g\in G$，$h\in N$ 都有 $g^{-1}hg\in N$，则称 N 为 G 的正规子群（也称不变子群），记作 $N\lhd G$。

比如，二阶非零实对角矩阵对于矩阵的乘法是二阶可逆实矩阵乘法群的子群，但不是正规子群，因为对于二阶可逆实矩阵 A 和二阶实对角矩阵 D，$A^{-1}DA$ 不一定是对角矩阵。但是，二阶非零数量矩阵对于矩阵的乘法不仅是二阶可逆实矩阵乘法群的子群，而且是正规子群，因为二阶数量矩阵的乘积还是数量矩阵，单位矩阵是数量矩阵，对于任何二阶可逆实矩阵 A 和二阶数量矩阵 aE，$A^{-1}aEA=aE$，还是数量矩阵；二阶行列式等于 1 的实方阵对于矩阵的乘法构成二阶可逆矩阵乘法群的正规子群，因为行列式等于 1 的方阵的乘积的行列式仍然是 1，单位矩阵的行列式是 1，行列式等于 1 的逆阵的行列式也是 1，对于任何二阶可逆实矩阵 A 和二阶行列式等于 1 的矩阵的 B，$A^{-1}BA$ 的行列式也是 1。

群作为一类代数系统也要考虑它们的内表问题和外延问题。

4.1.1　群的内表问题

关于群的元素的内表问题，我们从两个角度分析：

第一，直接考虑一个群里相对于乘法（对交换群，称加法）的比较简单的元素，然后把一般元素用这些简单元素表示的问题。

第二，考虑把群分解成子群的直积（对交换群，用直和），间接地把群的元素表示成这些子群元素的乘积（或直和）。

在本读物，我们只介绍有限群和有限生成群的情形，特别是置换群，因为它在有限群的研究中起着主要的角色。

4.1.1.1　置换群看作作用在有限集合上的群的内表问题

我们不考虑组成有限集的元素，只用抽象的数字的集合。

设 $S=\{1,2,\cdots,n\}$。S 到自身的一一变换 ρ 称为 S 的一个置换（permutation），由 S 的所有置换组成的集合记作 S_n。我们知道它含有 $n!$ 个元素。在 S_n 中存在一个运算，称为乘法，既是变换的复合，即

$$\rho,\sigma\in S_n,(\rho\sigma)(i)=\rho(\sigma(i)),\ \forall i\in S$$

该乘法满足群定义的条件，S_n 称为集合 S 的置换群或者称为 n 元对称群。当然，由 S_n 中的部分元素组成的子集可能对乘法和求逆是封闭的，从而也构成一个群，也称为 n 元置换群，这样的群是 S_n 的子群。

我们用下面的符号来表示 S_n 中元素：

$$\rho=\begin{pmatrix}1 & 2 & \cdots & n\\ i_1 & i_2 & \cdots & i_n\end{pmatrix}$$

表示 $\rho(k)=i_k,k=1,2,\cdots,n$，即把 k 变成 i_k，$i_1i_2\cdots i_n$ 是 $1,2,\cdots,n$ 的一个全排列。

在 S_n 中，我们针对乘法想找出一些相对简单的元素，把 S_n 中的元素用它们通过乘法表示出来，即置换群中的内表问题。

首先，我们看有哪些比较简单的置换。把 i 变成 j，把 j 变成 i，而其余

元素不变的置换称为对换(transposition),记作$(i_1 i_2)$;$i_1 \to i_2 \to \cdots \to i_k \to i_1$中间的数字两两不等,而没有出现的其他元素变成自己,称为循环置换,记作$(i_1 i_2 \cdots i_k)$,简称循环(cycle)。如 1 变成 3,3 变成 2,2 变成 1,记作(132),就是一个 3 元素的循环置换。

这些置换可以看作 S_n 中的简单元素。我们有下面的两个结论:

(Ⅰ)S_n 中的任何元素都可以写成有限个对换的乘积。这个分解显然不是唯一的,但是存在最短的对换乘积的分解。另外,尽管一个置换的这样的分解表示中兑换的个数可能不同,但是,它们有一点是相同的,即同奇偶。同为偶数时,这个置换称为偶置换;同为奇数时,称为奇置换。

(Ⅱ)S_n 中的任何元素都可以写成有限个不相交的循环置换的乘积。两个循环不相交是指一个元素如果不是变成自己,出现而且只出现在一个循环中。这个表示在不考虑循环的先后顺序时是唯一的。也就是说,在不考虑循环的先后顺序时,S_n 中的每一个元素都可以唯一地表示为不相交的循环置换的乘积。

例如

$$\begin{aligned}&\begin{pmatrix}1&2&3&4&5&6&7&8&9\\3&9&4&1&5&6&2&7&8\end{pmatrix}\\&=\begin{pmatrix}1&3&4\\3&4&1\end{pmatrix}\begin{pmatrix}2&9&8&7\\9&8&7&2\end{pmatrix}\\&=(341)(2987)\\&=(13)(34)(29)(98)(87)\end{aligned}$$

4.1.1.2　群基于乘法的分解表示问题

我们先举一例说明要考虑的问题。

我们知道 n 次方程 $x^n=1$ 的根称为 n 次单位根，按照代数基本定理，它有 n 个不同的根。用几何语言刻画就是均匀分布在以坐标原点为中心的单位圆上的 n 个点。记 $S=\{x\in\mathbb{C}\mid x^n=1\}$，它是复数域$\mathbb{C}$的一个非空子集，含有 n 个元素。对数的乘法是封闭的，即：

若 $r_1^n=1, r_2^n=1$，则$(r_1r_2)^n=r_1^nr_2^n=1$，从而 $r_1r_2\in S$，S 有单位元 1，每一个元素都有逆元，因为若 $r^n=1$，则$(r^{-1})^n=(r^n)^{-1}=(1)^{-1}=1$，即 $r^{-1}\in S$。

所以，S 对于数的乘法是构成一个群。在 S 中有 $\varphi(n)$个元素称为 n 次本原单位根，其中 $\varphi(n)$称为欧拉函数，表示不大于 n 的与 n 互素的正整数个数。只要选定一个本原单位根 r，S 中的每一个元素都可以写成它的方幂，即 $S=\{r^0(=1), r, \cdots, r^{n-1}\}$。可见这个群也是找到一个特殊元素本原单位根，把其他元素用它的方幂表示出来。

设 G 是一个有限群，e 是它的单位元。它的阶，即它所含元素的个数 $|G|=n$。并且假设 $n>1$，否则 G 是一个单元群，没有研究的价值。

如果存在 $a\in G$，使得 $G=\{a^0=e, a^1, \cdots, a^{n-1}\}$，则称 G 为循环群，记作 $G=(a)$。当 $n=p^k$，其中 p 是一个素数，k 是一个正整数，则称 G 为 p一群。

如果G 的一个 p一子群 H 满足$|H|=p^m$，根据有限群的拉格朗日定理(Lagrange’s Theorem)，p^m 整除G 的阶。如果 m 是最大的正整数使得 p^m 整除G 的阶，则称 H 为G 的 p—Sylow 子群。

4.1.1.3　有限交换群的 Sylow 子群的直积分解

基于有限群的这些概念，我们列出一些关于有限群的分解定理，从而有它的元素用一些特殊元素的表示问题。

定理 4.1.1　设 G 是有限交换群，$|G|=p_1^{\alpha_1}p_2^{\alpha_2}\cdots p_n^{\alpha_n}$ 是 $|G|$ 的标准算术分解式（正整数的算术基本定理），则 $G=S_{p_1}\times S_{p_2}\times\cdots\times S_{p_n}$，这里 S_{p_i} 是 G 的 p_i-Sylow 子群，即它可以写成所有 Sylow 子群的直积，从而每一个 $a\in G$，存在 $a_i\in S_{p_i}$，$i=1,2,\cdots,n$，使得 $a=a_1a_2\cdots a_n$，并且在不考虑因子顺序的前提下，这个表示是唯一的。

有限交换群 G 的每一个 Sylow 子群，只要不是循环群，我们还可以进一步分解，最后可将 G 分解成不可分解的循环子群的直积，并且 G 的结构由这些循环子群唯一确定。

4.1.1.4　有限交换群的不可分解子群的直积分解

类似于素数和数域上不可约多项式的定义，我们先给出不可分解的概念。

定义 4.1.3　群 G 称为不可分解的，如果不存在真子群 G_1，G_2 使得 $G=G_1\times G_2$。

定理 4.1.2（不变因子定理）　任何一个有限交换群 G 均可表示为循环子群的直积：

$$G=H_1\times H_2\times\cdots\times H_r$$

其中 $H_i\neq\{e\}$，其阶数 h_i 具有性质 $h_i\mid h_{i+1}$，$i=1,2,\cdots,r-1$。$(h_1,h_2,\cdots,h_r)$ 称为分解的不变因子组。若 G 还有另一个分解

$$G=K_1\times K_2\times\cdots\times K_s$$

$K_i\neq\{e\}$ 是 k_i 阶循环子群，且满足 $k_i\mid k_{i+1}$，$i=1,2,\cdots,s-1$，则有 $r=s$，$k_i=h_i$，$i=1,2,\cdots,r$。

4.1.1.5　有限生成群元素的基表示

我们再考虑较有限群更一般的交换群的分解问题和相应的元素的内

部表示问题。它和线性代数中相对应的概念和结果有些类似。我们在这里采用这种说法,其目的是强调不同的代数系统采取类似的方法考虑类似的问题。

定义 4.1.4 设 G 是一个群。如果 G 中存在一个子集 S,使得 $G=(S)$,即 G 中每一个元素 a 均可表示为如下形式:

$$a=s_{i_1}^{\alpha_{i_1}}s_{i_2}^{\alpha_{i_2}}\cdots s_{i_m}^{\alpha_{i_m}},\alpha_{i_j}=\pm 1,s_{i_j}\in S$$

那么,就说 G 是一个具有生成元系 S 的群。当 S 是有限集时,称 G 为具有有限生成元的群。

定义 4.1.5 设 G 是一个交换群。S 是 G 的一个生成元系。如果对于 S 中任何有限个元素 $s_1,s_2,\cdots,s_n$,若 $s_1^{\alpha_1}s_2^{\alpha_2}\cdots s_n^{\alpha_n}=e$,恒有 $s_i^{\alpha_i}=e,i=1,2,\cdots,r$,此处 α_i 是任意整数,那么称 S 为 G 的一个基。

注意:我们只对交换群定义基的概念,S 是有限、无限子集均可。实际上这一点很容易理解,要把 G 的元素写成有限个 S 元素的方幂形式,并且保证写法的唯一性,必须要求把同一个元素交换到一起才能写成 S 元素的方幂的形式。

定义 4.1.6 对于乘法群 G 的任何一个元素 a,如果存在正整数 n 使得 $a^n=e$,e 是 G 的单位元,那么,根据正整数的带余除法,一定存在一个最小的正整数 m 使得 $a^m=e$,m 称为 a 的阶或周期,记作 $m=|(a)|$,即由 a 生成的循环子群的阶。

下面进一步考虑具有有限生成元系的交换群的分解和元素用基表示的问题。对下面的定理我们不做证明,感兴趣的读者可以阅读吴品三的近世代数教材[12]。

定理 4.1.3(基存在定理) 任一具有有限生成元系的交换群 G 均有

一个基$\{b_1,b_2,\cdots,b_n\}$，具有性质：

(B1)$b_1,b_2,\cdots,b_k(k\leqslant n)$的周期有限，且$|(b_i)|$整除$|(b_{i+1})|$，$i=1,2,\cdots,k-1$；

(B2)$b_{k+1},b_{k+2},\cdots,b_n$ 周期无限。

定理 4.1.4(分解的唯一性定理)　设G是具有有限生成元系的交换群，若G有两个循环子群的分解式：

$$G=(b_1)\times\cdots\times(b_s)\times(b_{s+1})\times\cdots\times(b_n)$$

$$G=(c_1)\times\cdots\times(c_t)\times(c_{t+1})\times\cdots\times(c_m)$$

其中，$|(b_{i-1})|$有限，且$|(b_{i-1})|$整除$|(b_i)|$，$i=2,\cdots,s$，(b_j)为无限循环群，$j=s+1,\cdots,n$；同样，$|(c_{i-1})|$有限，且$|(c_{i-1})|$整除$|c_i|$，$i=2,\cdots,t$，(c_j)为无限循环群，$j=t+1,\cdots,m$，则$m=n$，且$(a_i)\cong(b_i)$，$i=1,\cdots,n$。

4.1.1.6　具有正规子群升链和降链条件的群的分解和元素的内表问题

在讨论完有限交换群的分解从而给出它的元素的内部表示后，我们进一步考虑非交换的无限群的分解问题和元素的内表问题。为此，我们继续引进一些相关的概念。

定义 4.1.7　设G是一个群，G的一个子群列(有限或无限)

$$G=G_0\geqslant G_1\geqslant G_2\geqslant\cdots$$

其中对所有的i，$G_{i+1}\lhd G_i$，称为G的一个次正规链。如果对所有的i，$G_i\lhd G$，则称为G的一个正规链。如果G有一个次正规链$G=G_0\geqslant G_1\geqslant\cdots\geqslant G_m=\{e\}$具有交换的商群$G_i/G_{i+1}$，$i=0,1,\cdots,m-1$，则称$G$是可解群。如果$G$有一个次正规链$G=G_0\geqslant G_1\geqslant\cdots\geqslant G_m=\{e\}$，其商群$G_i/G_{i+1}$，$i=0,1,\cdots,m-1$，都是非平凡单群，即不等于$\{e\}$的除了$\{e\}$和自身以外没有其他正规子群，称为合成列。

如果对于 G 的每个(正规)子群链 $G_1<G_2<\cdots$,均存在一个正整数 n 使得当 $i\geqslant n$ 时,$G_i=G_{i+1}$,称群 G 满足(正规)子群升链条件;如果对于 G 的每个(正规)子群链 $G_1>G_2>\cdots$,均存在一个正整数 n 使得当 $i\geqslant n$ 时,$G_i=G_{i+1}$,群 G 叫作满足(正规)子群降链条件。

定理 4.1.8(分解定理) 如果一个群满足正规子群的升链或降链条件,则这个群可以写成不可分解子群的乘积 $G=G_1G_2\cdots G_n$。如果 G 还有另外一种分解 $G=H_1H_2\cdots H_m$,则有 $n=m$ 且重排 G_i 和 H_j 后可以得到 $G_i=H_j$。

4.1.1.7 有限群的线性表示及内表问题

设 V 是复数域 $\mathbb{C}$ 上的线性空间,$GL(V)$是所有 V 到自身的自同构所组成的群。按照定义,$GL(V)$的一个元素 a 是 V 到 V 的一个线性变换,它有一个逆线性变换 a^{-1}。当 V 具有一个 n 元有限基(e_i)时,每一个线性变换 $a:V\rightarrow V$ 由一个 n 阶方阵(a_{ij})所确定,元素 a_{ij} 都是复数;这些复数是通过将像 $a(e_i)$用基来表示:

$$a(e_i)=\sum_{j=1}^{n}a_{ij}e_j$$

而得到的。

说 a 是一个自同构相当于说 a 对应的方阵的行列式不等于零:$\det(a_{ij})\neq 0$。因此,群 $GL(V)$可以与一切 n 阶可逆方阵组成的乘法群等同起来。

现在设 G 是一个有限群,具有单位元 1 和运算$(s,t)\rightarrow st$。群 G 到群 $GL(V)$内的一个同态 ρ 叫作 G 在 V 上的一个线性表示。换言之,对于每一个元素 $s\in G$,令 $GL(V)$的一个元素 $\rho(s)$与它对应,使得对于 $s,t\in G$

等式

$$\rho(st)=\rho(s)\cdot\rho(t)$$

成立（我们常把 $\rho(s)$ 记作 ρ_s）。由上式可以推导出：

$$\rho(1)=1;\rho(s^{-1})=\rho(s)^{-1}$$

当 ρ 给定时，我们说 V 是 G 的一个表示空间（或者为了简单起见，就说 V 是 G 的一个表示）。我们只限于考虑 V 是有限维线性空间的情形。

令 $\rho: G\to GL(V)$ 是一个线性表示，W 是 V 的一个子空间。假设 W 在 G 的作用下是不变的（亦称稳定的），即对一切 $s\in G$，$\alpha\in W$ 都有 $\rho_s(\alpha)\in W$。于是 ρ_s 在 W 上的限制 ρ_s^W 是 W 到自身的一个同构，并且 $\rho_{st}^W=\rho_s^W\cdot\rho_t^W$。这样一来，$\rho^W: G\to GL(W)$ 就是 G 在 W 上的一个线性表示。W 叫作 V 的一个子表示。

下面就要回到我们的主题，对于一个有限群 G 的线性表示 V，类似于自然数中的一些分解的想法，把 V 分解成一些特殊的比较简单的“表示”的和（相当于每一个大于 6 的偶数可以写成两个素数之和，素数即只有 1 和自身为因素的自然数）。

令 $\rho: G\to GL(V)$ 是一个线性表示，我们说 ρ 是不可约的或单的，如果 V 非零并且没有在 G 下真的不变子空间。

定理 4.1.6（表示的不可约表示直和分解定理） 设 G 是一个有限群，$\rho: G\to GL(V)$ 是一个线性表示，则 V 是不可约表示的直和，即存在 V 的在 G 下不变的子空间 W_i，$i=1,2,\cdots,s$，（不可约表示）使得

$$V=W_1\oplus W_2\oplus\cdots\oplus W_s$$

对于分解，一般要进一步考虑分解的唯一性问题。比如自然数的算术基本定理：每一个大于 1 的自然数都可以分解成有限个素数方幂的乘

积，在不考虑素数排列顺序的情况下，这个分解是唯一的，即不管怎么分解，其出现在分解式中的某个素数的个数是确定的；再比如数域 F 上多项式的算术基本定理：每一个次数大于 1 的多项式都可以分解成一个非零常数和有限个首系数 1 的不可约多项式的方幂的乘积，如果不考虑不可约多项式的排列顺序，这个分解是唯一的，即不管怎么分解，其出现的某个首系数为 1 的不可约多项式的个数是确定的。对于群表示的不可约直和分解的唯一性问题，我们也有考虑。

令 V 是一个有限群 G 的表示，$V=W_1\oplus W_2\oplus\cdots\oplus W_s$ 是 V 的一个不可约表示的直和分解。这个分解一般不是唯一的。就像是一个 n 维线性空间表示成一维子空间的直和不是唯一的(这个可以用线性空间的基，不是唯一的说明)。然而，与一个给定的不可约表示同构的 W_i 的个数不依赖于分解的选取。自然地，这种唯一性的考虑仍然要通过类似于相同素因数或相同首系数 1 的不可约多项式的指数这个被表示对象的“特征”来进行表示的唯一性研究，这里用的是不可约表示的“特征标”来刻画，从而得到相应的唯一分解定理，我们在本读物中就不再进一步阐述。我们只是说明它与算术基本定理相似。

下面我们介绍一个类似于函数和“广义数”矩阵的概念(我们介绍数从自然数到复数，复数再进一步扩展，必须放弃乘法交换律而得到四元数，这一步实际上进入了矩阵)。

有限群的两个表示的张量积：

同直和运算在一起，还有一种“乘法”——张量积，有时也称 Kronecker 积。它的定义如下：

定义 4.1.8 设 V_1 和 V_2 是两个线性空间。线性空间 W，连同一个

$V_1\times V_2$ 到 W 内的映射 $(x_1,x_2)\to x_1\cdot x_2$，称为 V_1 与 V_2 的张量积，如果下列条件满足：

(a) $x_1\cdot x_2$ 对于 x_1 和 x_2 中的每一个都是线性的；

(b)若 (e_{i_1}) 是 V_1 的一组基，(e_{i_2}) 是 V_2 的一组基，则一切乘积 $e_{i_1}\cdot e_{i_2}$ 是 W 的一组基。

这样的空间是存在且唯一的（在同构的意义下），记作 $V_1\otimes V_2$。条件(b)表明

$$\dim(V_1\otimes V_2)=\dim(V_1)\cdot\dim(V_2)$$

现在设 $\rho^1:G\to GL(V_1)$ 和 $\rho^2:G\to GL(V_2)$ 是群 G 的两个表示。对于 $s\in G$，由以下定义 $GL(V_1\otimes V_2)$ 的一个元素 ρ_s：

$$(x_1,x_2)\to\rho^1(x_1)\cdot\rho^2(x_2),x_1\in V_1,x_2\in V_2$$

记作 $\rho_s=\rho_s^1\otimes\rho_s^2$。

ρ_s 定义了 G 到 $V_1\otimes V_2$ 内的线性表示，称为原来两个表示的张量积，两个不可约表示的张量积不一定不可约，它被分解成一些不可约表示的直和，这些不可约表示可以利用特征标的理论来确定。如果读者要深入了解，请阅读相关的《有限群的线性表示》文献。

假设表示 V_1 和 V_2 都恒同于一个表示 V，那么 $V_1\otimes V_2=V\otimes V$。如果 (e_i) 是 V 的一组基，令 θ 是 $V\otimes V$ 的一个自同构，使得

$$\theta(e_i\cdot e_j)=e_j\cdot e_i,\text{对一切}(i,j)$$

由此推出，对一切 $x,y\in V$，$\theta(x\cdot y)=y\cdot x$，因此 θ 不依赖于 (e_i) 的选取。再者，$\theta^2=1$，于是空间 $V\otimes V$ 被分解为直和

$$V\otimes V=\mathrm{Sym}^2(V)\oplus\mathrm{Alt}^2(V)$$

这里 $\mathrm{Sym}^2(V)$ 是 $V\otimes V$ 中一切满足条件 $\theta(z)=z$ 的元素所成的集合，而

$\mathrm{Alt}^2(V)$是$V\otimes V$中一切满足条件$\theta(z)=-z$的元素所成的集合。

子空间$\mathrm{Sym}^2(V)$和$\mathrm{Alt}^2(V)$都是在G下不变的。这样定义的表示分别称为所给表示的对称方和交错方。

我们回顾一下关于函数和矩阵的两个类似结果。

如果一元函数$f(x)$是关于原点对称的区域，那么$f(x)$可以表示为一个偶函数和一个奇函数之和，即

$$f(x)=f_1(x)+f_2(x)$$

其中$f_1(x)=\frac{1}{2}[f(x)+f(-x)]$，$f_2(x)=\frac{1}{2}[f(x)-f(-x)]$，$f_1(x)$为偶函数，$f_2(x)$为奇函数。

任何一个n阶方阵A可以写成一个对称矩阵和一个反对称矩阵之和，即

$$A=\frac{1}{2}(A+A^T)+\frac{1}{2}(A-A^T)$$

其中A^T表示A的转置矩阵。

4.1.2 群通过等价关系外延问题

在考虑所有的代数系统的结构问题时，一个统一的思路或做法是这样的：由代数系统的一个子系统确定它的一个等价关系，或由一个等价关系确定一个等价类，即系统的一个子系统，然后以等价类为元素做成一个集合，称为商集，当这个子系统取得合适的情况下，由代数系统的乘法（对交换群，用加法）可以诱导出商集的一个乘法（或加法），得到代数系统关于等价关系或相应的子系统的商代数系统。

第一章给出了集合中等价关系定义，要在代数系统群中构造一个二

元等价关系，使得由此通过做商代数系统的方法构造商群，其中一个子系统或其中的一个等价类必须具有特殊的性质，也就是一个特殊的子系统。这样确保群的乘法运算可以诱导出商集中的乘法运算。

为了进一步说明万物皆数的理念，我们列举一个初等数论中的事情，说明在整数系统考虑的事情、在线性空间考虑的事情以及群中考虑的事情是多么类似和自然。

考虑整数集和整数加法构成的代数系统 $Z=(Z,+)$。选定一定正整数 m，由 m 的所有倍数做成 Z 的一个子集，记作$[m]$。易知这个集合对于数的加法是封闭的，加法的单位元即数 0，和$[m]$中的每一个整数的加法逆元即它的相反数，也属于这个集合，所以它是 $Z=(Z,+)$的子群。由于对任何 $n\in[m]$及任何 $k\in Z$，都有

$$(-k)+n+k=n\in[m]$$

所以，$[m]$是 $Z=(Z,+)$的正规子群（实际上，交换群的任何子群都是它的正规子群）。加群 $Z=(Z,+)$关于$[m]$做一个等价关系：$s,t\in Z$，$s\sim t$ 当且仅当 $m\mid s-t$，即它们的差是 m 的倍数，或者用等价的刻画：当且仅当 $s-t\in[m]$，或者当且仅当 $s\equiv t(\mathrm{mod}m)$（即 s 和 t 模 m 同余）。在这个等价关系下 Z 就划分成 m 个互不相交的子集，称为同余类，$[0]$，$[1]$，…，$[m-1]$，其中$[0]=[m]$，0 和 m 只是同一类中的两个不同的代表元。以同余类作为元素构成一个集合 $Z/[0]=\{[0],[1],\cdots,[m-1]\}$，或者在强调等价关系“$\equiv$”时，用 $Z/\equiv$表示这个商集。在这个集合上定义加法：$[i]+[j]=[i+j]$，可以证明这个定义是合理的（well-defined），即加法和同余类中的代表元的选择无关，并且 $Z/[0]=(Z/[0],+)$是一个交换群，称为群 $Z=(Z,+)$关于正规子群$[m]$的商群，或者关于等价关系“$\equiv$”的

商群。

现在我们考虑从群 $Z=(Z,+)$ 到 $Z/[0]=(Z/[0],+)$ 的一个映射

$$\varphi: Z \to Z/[0]$$
$$: i \to [i]$$

可以证明这个映射满足条件 $\varphi(i+j)=\varphi(i)+\varphi(j)$，即保持运算：和的像等于像的和。这样的群之间的映射称为群 $Z=(Z,+)$ 到群 $Z/[0]=(Z/[0],+)$ 的同态（homomorphism），其 $[0]$ 的原像组成的集合称为该同态映射的核，记作 $\mathrm{Ker}\varphi$。而且 $\mathrm{Ker}\varphi=[0]$。φ 的像集 $\mathrm{Im}\varphi=Z/[0]$。这是初等数论中一个很简单的理论。

下面我们再看高等代数中考虑的类似问题。

考虑实数域上的一元多项式集合 $\mathbb{R}[x]$ 以及多项式的加法，称为多项式加群。

任意取一个非零多项式 $f(x)$，$f(x)$ 的一切倍式组成 $\mathbb{R}[x]$ 的子集，记作

$$[f(x)]=\{g(x)f(x) \mid g(x)\in\mathbb{R}[x]\}$$

由此可以在 $\mathbb{R}[x]$ 中引进一个二元关系“～”：

$g(x), h(x)\in\mathbb{R}[x]$，$g(x)\sim h(x)$ 当且仅当

$$g(x)-h(x)\in[f(x)]$$

同样可以证明～是一个等价关系，从而做出商集 $\mathbb{R}[x]/[f(x)]$，并且定义诱导加法运算，使之成为 $\mathbb{R}[x]$ 关于正规子群 $[f(x)]$ 的商群。

以上例子涉及的代数系统中的加法运算都满足交换律，在这个条件下，所用的子系统在其上定义的等价类之间的加法可以证明都是合理的（well-defined），从而确定一个商系统。对于一般的代数系统，如果运算不

满足交换律，就不能随便定义等价类之间的相关运算使之成为一个商代数系统。

群的子群和正规子群均称为它的子系统。下面我们考虑仿照上面初等数论和高等代数用它们的子系统做系统的等价关系，从而考虑构造以等价类为元素的商代数系统。

设 H 是群 G 的一个子群，即 $H\leqslant G$。G 的乘法符号省略不写。对于 $a,b,c\in G$，定义 $a\sim b$ 当且仅当 $ab^{-1}\in H$。因为 $e\in H$ 且 $e=aa^{-1}$，我们有 $a\sim a$。

另外，如果 $a\sim b$，$ab^{-1}\in H$，因为 H 是群 G 的一个子群，$(ab^{-1})^{-1}\in H$，而 $(ab^{-1})^{-1}=ba^{-1}$，所以 $b\sim a$。如果 $a\sim b$，$b\sim c$，则 ab^{-1}，$bc^{-1}\in H$，从而 $ac^{-1}=(ab^{-1})(bc^{-1})\in H$，所以 $a\sim c$。故由此定义的 G 中的二元关系是一个等价关系。由于 $ab^{-1}\in H$ 等价于存在 $h\in H$ 使得 $a=hb$，所以，如果记 b 所在的等价类为 $[b]$，则 $[b]=Hb$，称为 H 在 G 中的右陪集。

类似地，可以定义 H 在 G 中的左陪集，$[b]=bH$。这样子群 H 对 G 分别做了划分 $G=\bigcup\limits_{b\in G} Hb=\bigcup\limits_{b\in G} bH$。

同样，我们定义 G 关于子集 H 的商集

$$W=\{[a]\mid a\in G\}=\{Ha\mid a\in G\}$$

并且类似于整数模 m 的同余类的运算定义 $[a][b]=[ab]$。那么，这个定义是合理的吗？即乘法与代表元的选择没有关系吗？我们来分析一下。如果 $h\in H$，则 $[hb]=[b]$，所以，如果乘法与代表元无关，就必须有 $[a][b]=[a][hb]$，即 $[a][b]=[ahb]$。这样就得到 $Hab=Hahb$，从而有 $Ha=Hah$，即 $H=Haha^{-1}$，$aha^{-1}\in H$，也就是对任何 $a\in G$ 和任何 $h\in H$，都有 $aha^{-1}\in H$，换句话说，H 必须是 G 的正规子群。

所以，群 G 的正规子群 N“模”它，等价地，用 N 做 G 上的一个等价关系，得到“商集”$G/N=\{[a]\mid a\in G\}=\{Na\mid a\in G\}$。其诱导的乘法为 $[a][b]=[ab]$。

容易证明，由于 N 是正规子群，一个元素 $a\in G$ 的左右陪集是相等的。乘法满足群的三个条件，乘法单位元是 $[e]$，e 是 G 的单位元，$[a]$ 的逆元是 $[a^{-1}]$。群 G/N 称为群 G 关于正规子群 N 的商群。

如果群 G 除了自己和只含一个单位元的子群是正规子群外没有其他的正规子群，则 G 称为单群。

显然，对于交换群，任何子群都是正规子群。下面我们举一个例子说明，群的子群不一定是正规子群。

例 4.1.1 考虑三元对称群 $S_3=\{(1),(12),(13),(23),(123),(132)\}$。取子集 $H=\{(1),(12)\}$。其右陪集为

$$H(1)=\{(1),(12)\}$$

$$H(13)=\{(13),(132)\}$$

$$H(23)=\{(23),(123)\}$$

左陪集为

$$(1)H=\{(1),(12)\}$$

$$(13)H=\{(13),(123)\}$$

$$(23)H=\{(23),(132)\}$$

可见，(13)和(23)的左右陪集都不相等，故 H 不是 S_3 的正规子群。

我们曾在数系的发展过程中指出，数系从复数发展到超复数四元数实际上是进入线性代数的矩阵领域。为了进一步说明万物皆数的理念，我们再举一个把群和数联系起来的例子。

例 4.1.2[12]　设 $G=\left\{\begin{pmatrix} r & s \\ 0 & 1 \end{pmatrix} \mid r,s\in Q,r\neq 0\right\}$，则 G 对于方阵的乘法做成一个群。令 $N=\left\{\begin{pmatrix} 1 & t \\ 0 & 1 \end{pmatrix} \mid t\in Q\right\}$，则 N 是 G 的一个正规子群。因为任取 $\begin{pmatrix} r & s \\ 0 & 1 \end{pmatrix}\in G$，$\begin{pmatrix} r & s \\ 0 & 1 \end{pmatrix}N=\left\{\begin{pmatrix} r & rt+s \\ 0 & 1 \end{pmatrix}\right\}$，$N\begin{pmatrix} r & s \\ 0 & 1 \end{pmatrix}=\left\{\begin{pmatrix} r & s+t \\ 0 & 1 \end{pmatrix}\right\}$。$r,s$ 是取定的有理数，$r\neq 0$，故对任意 $s+t$，方程 $rx+s=s+t$ 在 Q 中有解，即 $x=\frac{t}{r}$，故对任何 $A\in N\begin{pmatrix} r & s \\ 0 & 1 \end{pmatrix}$，有

$$A=\begin{pmatrix} r & t+s \\ 0 & 1 \end{pmatrix}=\begin{pmatrix} r & r\cdot\frac{t}{r}+s \\ 0 & 1 \end{pmatrix}$$

推出 $A\in\begin{pmatrix} r & s \\ 0 & 1 \end{pmatrix}N$，即 $N\begin{pmatrix} r & s \\ 0 & 1 \end{pmatrix}\subseteq\begin{pmatrix} r & s \\ 0 & 1 \end{pmatrix}N$。

类似地，可以证明 $\begin{pmatrix} r & s \\ 0 & 1 \end{pmatrix}N\subseteq N\begin{pmatrix} r & s \\ 0 & 1 \end{pmatrix}$，所以 $\begin{pmatrix} r & s \\ 0 & 1 \end{pmatrix}N=N\begin{pmatrix} r & s \\ 0 & 1 \end{pmatrix}$，所以 N 是 G 的正规子群。

由于 $\begin{pmatrix} r & s \\ 0 & 1 \end{pmatrix}N=\left\{\begin{pmatrix} r & rt+s \\ 0 & 1 \end{pmatrix} \mid t\in Q\right\}$，因为 $r\neq 0$，t 跑遍所有有理数时，$rt+s$ 也跑遍所有有理数，即 $\begin{pmatrix} r & s \\ 0 & 1 \end{pmatrix}N=\left\{\begin{pmatrix} r & t \\ 0 & 1 \end{pmatrix} \mid t\in Q\right\}$。由此可见 $\begin{pmatrix} r & s \\ 0 & 1 \end{pmatrix}$所在的陪集由 r 唯一确定。设 $r=r_1$，则

$$\begin{pmatrix} r & s \\ 0 & 1 \end{pmatrix} N = \begin{pmatrix} r_1 & t \\ 0 & 1 \end{pmatrix} N$$

并且 $r \neq r_1$，也有$\begin{pmatrix} r & s \\ 0 & 1 \end{pmatrix} N \neq \begin{pmatrix} r_1 & t \\ 0 & 1 \end{pmatrix} N$，即

$$G/N = \left\{ \begin{pmatrix} r & 1 \\ 0 & 1 \end{pmatrix} N \mid r \in Q, r \neq 0 \right\}$$

且$\begin{pmatrix} r & 1 \\ 0 & 1 \end{pmatrix} N \cdot \begin{pmatrix} s & 1 \\ 0 & 1 \end{pmatrix} N = \begin{pmatrix} rs & 1 \\ 0 & 1 \end{pmatrix} N$。

令 φ：$\begin{pmatrix} r & 1 \\ 0 & 1 \end{pmatrix} N \to r$，则 φ 是商群 G/N 到非零有理数全体做成的乘法群 $(Q^*, \cdot)$上的同构映射，在 $G/N \cong (Q^*, \cdot)$。

下面我们举出一些群关于其正规子群构造商群的例子，依次来说明类似于自然数做商获得有理数新代数系统的“做商”的方法。

例 4.1.3 考虑整数集 Z（在加法下）的群和所有偶数构成的子群 $2Z$。这是个正规子群，因为 Z 是交换群，子群都是正规子群。只有两个陪集：偶数的集合和奇数的集合，因此商群 $Z/2Z$ 是两个元素的循环群。

例 4.1.4 考虑复数十二次单位根的乘法群 G，它们是在单位圆上的均匀分布的点。考虑它由单位四次根构成的子群 N。这个正规子群把群分解为三个陪集。可以验证这些陪集形成了三个元素的群。因此商群 G/N 是三个元素的循环群。

例 4.1.5 考虑实数加法群 $\mathbb{R}$ 和整数加群 $\mathbb{Z}$。$\mathbb{Z}$ 在 $\mathbb{R}$ 中的陪集是形如 $a+\mathbb{Z}$ 的所有集合，这里 $0 \leqslant a < 1$。这种陪集的加法是通过做相应的实数的加法，并在结果大于或等于 1 的时候减去 1 完成的。商群 $\mathbb{R}/\mathbb{Z}$ 同构

于单位圆群，它是模为 1 的复数乘法群，或者说关于原点的二维旋转的群，也就是特殊正交群 $SO(2)$（Special Orthogonal，2 表示平面）。有一个同构为

$$f(a+Z)=\exp(2\pi ia)\text{（参见欧拉恒等式）}$$

例 4.1.6　考虑 3×3 可逆实矩阵乘法群 G，而 N 是行列式为 1 的 3×3 实矩阵的子群，那么 N 在 G 中是正规子群。N 的陪集是带有给定行列式的矩阵的集合，因此商群 G/N 同构于非零实数的乘法群。

4.1.3　可解群的一个自然数简单类比

群的商群、单群的概念完全类似于自然数的一些相应概念和结果。如自然数有素数和合数的概念：单群的概念类似于素数，素数是除了 1 和自身以外没有其他的正因数，素数是特殊的数，那么单群也可以看成特殊的群。在自然数中有算术基本定理，自然在群的分解中也应该有类似的考虑，比如把一个群分解成一些单群的乘积等，所以，自然数的理论可以提示人们探究其他比较复杂的代数系统中类似的理论。再比如，任何一个合数，只能是除以它的因素才会有整数商，称商数。这里对于一个群只有考虑它的正规子群，才能得到一个商群。

下面我们进一步对比一下自然数和群的一个我们认为相关的结果。

在 19 世纪，数学界存在三个经典的数学难题：第一个问题是用圆规和直尺是否可以三等分一个角；第二个问题是五次以上（含五次）多项式方程是否有通解公式；第三个问题是用圆规和直尺是否可以做出一个正方体，它的体积是给定正方体体积的二倍（称为倍方问题）。那个时候，人们已经知道：用圆规和直尺可以二等分一个角；四次以下多项式方程有通解公式;用圆规和直尺可以做一个正方形,它的面积是给定正方形面积的二倍。

这些问题的解决最后归功于法国数学家伽罗瓦的有限群理论。

伽罗瓦用到了可解群、商群和单群的概念和结论:一个群 G 称为可解的,如果存在 G 的次正规子群序列 $N_1 \lhd N_2 \lhd \cdots \lhd N_k \lhd N_{k+1}=G$,其中 $N_i \lhd N_{i+1}$ 表示 N_i 是 N_{i+1} 的正规子群,满足 N_1, N_{i+1}/N_i,$i=1,2,\cdots,k$,是单群。

我们回到自然数,考虑一个类似的概念:设 n 是一个合数,则它有一个最大的因素 n_1,使得 $p_1=n/n_1$ 是素数;同样,如果 n_1 仍然是合数,它有一个最大因素 n_2,使得 $p_2=n_1/n_2$ 是素数。依次类推,可以得到有限个自然数:$n_0=n,n_1,n_2,\cdots,n_k$ 使得 $n_i/n_{i+1}=p_{i+1}$ 是素数(对应单群),$i=0,1,\cdots,k$。

如果用一种语言来刻画,我们说自然数总是“可解的”。

起码从形式上,我们可以把伽罗瓦的可解群与自然数做一个类比:这里我们用自然数、完全商数和素数来对应上面的三个概念:每一个合数 n(对应群)有一个最大的因素 n_1(对应正规子群),使得 $p_1=n/n_1$ 是素数(对应单群);同样,如果 n_1 仍然是合数,有一个最大因素 n_2,使得 $p_2=n_1/n_2$ 是素数。依次类推,可以得到一列自然数:$n_0=n,n_1,n_2,\cdots,n_k$,使得 $n_i/n_{i+1}=p_{i+1}$ 是素数(对应单群),$i=0,1,\cdots,k$。伽罗瓦当年(19 世纪)用多项式方程的解的置换群的可解性判断它是否有通解公式有没有受到自然数的这种启发,不得而知,但我们可以看出,它们确实有相似的处理问题的思想方法。

4.2　环

代数系统群只考虑一个运算，考虑一个集合内赋予更多的运算是很自然的事情。因为初等数学中碰到的代数系统，如整数代数系统，同时有加法、加法的逆运算减法以及乘法；实系数多项式系统，同时有加法、减法以及乘法。而这两个代数系统中的运算满足一些共同的运算规律，通常称它们分别为整数环和多项式环。可见，环是继群概念后第一个考虑的多运算代数系统。它具有丰富的理论知识，尽管涉及非常抽象的概念和结论，但是基于对整数环和多项式环的认识，会十分自然地认识到环论要考虑一些什么问题，环的理论结构应该怎么设置。如果能够带着这样的预备想法去学习环论，在认知方面和掌握上将有很大的帮助。

4.2.1　环及相关定义

环的概念的原始雏形是整数集合。它与域的不同之处在于，对于乘法每一个元素不一定有逆元素。抽象环论的概念来源一方面是数论，整数的推广——代数整数。它继承了整数的许多性质，也有许多不足之处，比如唯一素因子分解定理不一定成立，这导致“理想数”概念的产生，相关的就是环的特殊子环——“理想”概念的引入。这类似于群要通过做商的办法构造新的商群，需要特殊的子群——正规子群。那么，要从一个环，通过做商的方法得到一个新的环——商环，一般的子环办不到，需要特殊的子环，就是理想子环，简称理想。

戴德金(Dedekind)在1871年将理想数抽象化成“理想”概念，它是代数整数环中一些特殊的子环。这开始了理想理论的研究。在诺特(Noether)把环公理化后,理想理论被纳入环论中。

环的概念的另一来源是19世纪对数系的各种推广。这可追溯到1843年哈密顿(Hamilton)关于四元数的发现。他的目的是为了扩张用处很大的复数。它是第一个"超复数系",也是第一个乘法不交换的线性结合代数。它可以看成是实数域上的四元代数。不久之后格雷夫斯(Graves)和凯莱(Cayley)依次独立得到八元数,它的乘法不仅不交换,而且结合律也不满足,它可以看成是第一个线性非结合代数。其后各种"超复数"相继出现,包括线性代数中矩阵。

定义 4.2.1(环的定义) 设 R 是一个非空集合,在 R 上定义了一种运算,称为加法,记作"+"和另一种运算,称为乘法,记作"·"。若它们满足下面的条件:

(R1)$(R,+)$是一个交换群;

(R2)乘法满足结合律;

(R3)乘法对加法满足左右分配律,即对任何 $a,b,c\in R$

$$a\cdot(b+c)=a\cdot b+a\cdot c$$

$$(b+c)\cdot a=b\cdot a+c\cdot a$$

$(R,+,\cdot)$,简记 R,称为结合环,简称环。

在书写时,乘法符号可以省略不写。

环的这些公理看起来是熟悉的。实际上,环的定义是从很多具体的满足环定义的代数系统抽象出来的。比如,整数集合 $\mathbb{Z}$ 对于数的加法和乘法,就是一个环,称为整数环;数域 F 上的一元或多元多项式集合,对于多项式的加法和乘法也是一个环,称为数域 F 上的多项式环或多元多

项式环。在线性代数中，数域 F 上的所有 n 阶方阵集合，对于矩阵的加法和乘法，也是一个环，称为数域 F 上的 n 阶方阵环。由公理(R2)，我们通常称之为结合环。非结合环是存在的，甚至在数学里是很重要的。这里讲到环，均指结合环。

在数系中有这样一条性质：若 a,b 是数，$ab=0$，必有 $a=0$ 或 $b=0$，但是在一般环中这个结论不一定成立，如 n 阶方阵环，两个非零矩阵的乘积可能等于零。两个元素乘积等于零，称它们为零因子。一个环的乘法不一定满足交换律，如两个同阶方阵左右相乘，其结果可能不等。把没有零因子的交换环称为整环(integral domain)(类似于整数环)。一个环不一定像整数环那样，有一个乘法单位元，使得它乘环中的任何元素都等于这个元素本身，即使有乘法单位元，但是每一个元素不一定有乘法逆元，如整数环。把具有乘法单位元，记作 e，并且对每一个非零元素 $a\in R$，存在唯一的元素 $b\in R$ 使得 $ab=ba=e$ 的环称为除环(division ring)。

比如，我们前面介绍的哈密尔顿(Hamilton)四元数关于加法和乘法构成的代数系统，也就是在复数域上四个 2 阶方阵

$$e=\begin{pmatrix}1 & 0\\ 0 & 1\end{pmatrix},i=\begin{pmatrix}0 & -1\\ 1 & 0\end{pmatrix},j=\begin{pmatrix}0 & i\\ i & 0\end{pmatrix},k=\begin{pmatrix}-i & 0\\ 0 & i\end{pmatrix}$$

生成的代数系统：

$$H=\{a_0e+a_1i+a_2j+a_3k\mid a_0,a_1,a_2,a_3\in\mathbb{R}\}$$

H 中元素相等、加法和乘法，即

$$a_0e+a_1i+a_2j+a_3k=b_0e+b_1i+b_2j+b_3k$$

当且仅当 $a_1=b_1,a_2=b_2,a_3=b_3,a_4=b_4$，

$$(a_0e+a_1i+a_2j+a_3k)+(b_0e+b_1i+b_2j+b_3k)$$

$$=(a_0+b_0)e+(a_1+b_1)i+(a_2+b_2)j+(a_3+b_3)k$$

$$(a_0e+a_1i+a_2j+a_3k)(b_0e+b_1i+b_2j+b_3k)=c_0e+c_1i+c_2j+c_3k$$

其中

$$c_0=a_0b_0-a_1b_1-a_2b_2-a_3b_3$$

$$c_2=a_0b_1+a_1b_0+a_2b_3-a_3b_2$$

$$c_3=a_0b_2-a_1b_3+a_2b_0+a_3b_1$$

$$c_1=a_0b_3+a_1b_2-a_2b_1+a_3b_0$$

如果 $A\in H, A=a_0e+a_1i+a_2j+a_3k\neq 0$，则至少某个 $a_i\neq 0$，从而 $a_0^2+a_1^2+a_2^2+a_3^2\neq 0$，令其为 a，通过矩阵计算，可得

$$(a_0e+a_1i+a_2j+a_3k)\left(\frac{a_0}{a}e+\frac{a_1}{a}i+\frac{a_2}{a}j+\frac{a_3}{a}k\right)=e$$

所以，H 对于矩阵的加法和乘法是一个非交换的除环。

交换的除环称为域(field)。通常的数域是这里定义的域的特例。

作为代数系统，前面我们介绍了它们的内表问题。下面，我们主要考虑从环的第一个来源(即环的雏形整数环)出发，介绍进一步深入环理论研究中自然要考虑的研究方向，与自然数内表问题类似的表示问题。

类似于对于集合，要考虑其子集，等价地可以做出集合的商集；对于线性空间，我们在上面已经说明任何一个子空间都可以确定线性空间的一个等价关系，在对应的商集上可以得到诱导的加法与数乘运算构建商空间；对于群，要考虑子群和正规子群以便构造商群；对于环，我们同样要考虑子环和特殊子环以便构造商环。

定义 4.2.2　环 R 的一个非空子集 S 称为 R 的子环，如果 S 对于 R

的加法运算,取负一元运算和乘法运算是封闭的。子环 S 称为环 R 的理想,如果对任何 $s\in S$,任何 $r\in R$,都有 $rs,sr\in S$。

比如,整数环是有理数环的子环;二阶实对角矩阵对矩阵的加法和乘法是二阶实矩阵环的子环。

这和考虑群的子群和正规子群一样,特殊子环理想的引进的一个目的是要考虑在环上做等价关系,更进一步构造商环。在群论中,一个群的子群可以确定群的一个等价关系,从而可以确定一个商集,但是不一定能确定一个商群。只有群的正规子群有这个功能。

如果把群的同态映射和正规子群结合起来,又有其结论,一个群到另外一个群的同态映射的核是它的正规子群。反之,一个正规子群可以确定群到商群的同态映射,而且其核正是这个正规子群。在环论中也一样,一个环的子环可以确定环的一个等价关系,从而确定一个商集,但是,不一定可以确定一个商环,而只有理想可以确定环的商环。

同样,如果把环的同态映射与环的理想结合起来,也有相似的结论。一个环到另外一个环的同态映射的核是它的理想。反之,一个理想可以确定环到商环的同态映射,其核正是这个理想。那么,什么是环之间的同态映射呢?这个定义是很自然的。

定义 4.2.3　一个映射 $\varphi:R\to R'$ 称为环 R 到环 R' 的同态映射,如果它满足,对任何 $a,b\in R$,

(a) $\varphi(a+b)=\varphi(a)+\varphi(b)$;

(b) $\varphi(ab)=\varphi(a)\varphi(b)$。

既单又满的同态映射称为同构映射。从代数的观点来讲,同构的代数系统我们认为是相同的。

设 $\varphi: R \to R'$ 是一个环同态映射，并且令 $\mathrm{Ker}\varphi = \{x \in R \mid \varphi(x) = 0\}$，称为同态映射 φ 的核，这里 0 是环 R' 的零元素。易知 $\mathrm{Ker}\varphi$ 是 R 的理想。

设 K 是环 R 的一个理想，考虑 R 作为加法群，关于加法 K 就是一个正规子群，K 确定 R 的一个等价关系"$\sim$"：$a, b \in R$，$a \sim b$ 当且仅当 $a - b \in K$。a 所在的等价类记作 $a + K$（又称为 a 所在的陪集），鉴于 K 是环 R 的一个理想，由 R 的加法和乘法诱导的陪集之间的加法和乘法

$$(a+K)+(b+K)=(a+b)+K$$

$$(a+K)(b+K)=ab+K$$

是合理的（well-defined），即运算与代表元的选择无关。从而，商集 $R/K = \{a+K \mid a \in R\}$ 关于诱导的加法和乘法是一个环，称为环 R 关于理想 K 的商环。

对于一个环，关于理想和商环有下面的重要关系定理：

定理 4.2.1 设 K 是环 R 的一个理想。作为加群的商群 R/K 在定义的乘法 $(a+K)(b+K)=ab+K$ 下是一个环。而且由 $\varphi(a)=a+K$，$a \in R$，定义的映射 $\varphi: R \to R/K$ 是 R 到 R/K 上的同态映射，并且 K 是它的核。

考虑一个环的商环有这样几个作用：

第一，一个环的结构可能不是很清楚，通过确定一个结构比较清楚的子系统，即理想的结构，然后再考虑相应的商系统，即商环的结构，来了解整个环的结构。比如，整数环 Z，其中 5 的倍数集 $5Z$，就是一个结构比较好的理想，相应的商环，即模 5 的剩余类环 Z_5 是一个只含五个元素的有限域。

第二，一个环可能没有类似于自然数的标准分解定理，但是"模掉"一

个理想后,其商环可能具有相应的分解定理,或其他的分解性质,从而也就有内部表示问题。

第三,一个环"模掉"一个理想,可能与数有关,或者同构于一个数环或数域。这也体现了我们强调的"万物皆数"的思想。比如下面的两个例子[12]。

例 4.2.1　设 R 是定义在单位闭区间 $[0,1]$ 上面的所有实值连续函数组成的集合,在如下定义的加法和乘法下是一个环:

$$(f+g)(x)=f(x)+g(x)$$

$$(fg)(x)=f(x)g(x),\ \forall x\in[0,1]$$

设 $I=\left\{f\in R \mid f\left(\frac{1}{2}\right)=0\right\}$。可以证明 I 是 R 的理想。在同构意义下,R 关于 I 的商环 R/I 就是实数域,即 $R/I\cong\mathbb{R}$。

例 4.2.2　设 $R=\left\{\begin{pmatrix} a & b \\ 0 & a \end{pmatrix} \middle| a,b\in\mathbb{R}\right\}$。$R$ 是二阶实矩阵环的子环,设 $I=\left\{\begin{pmatrix} 0 & b \\ 0 & 0 \end{pmatrix} \middle| b\in\mathbb{R}\right\}$;$I$ 是 R 的理想,R 关于 I 的商环 R/I 就是复数域,即 $R/I\cong\mathbb{C}$。

在线性代数中,我们知道二维平面 $\mathbb{R}^2$ 是两个一维子空间 $\mathbb{R}_1=\{(a,0)\mid a\in\mathbb{R}\}$ 和 $\mathbb{R}_2=\{(0,a)\mid a\in\mathbb{R}\}$ 的直和,即 $\mathbb{R}^2=\mathbb{R}_1\oplus\mathbb{R}_2$,二维平面向量 (a,b) 可以表示为两个一维向量的和 $(a,b)=(a,0)+(0,b)$,$(a,0)\in\mathbb{R}_1$,$(0,b)\in\mathbb{R}_2$,并且这个表示法是唯一的。推广到 n 维实线性空间,我们有

$$\mathbb{R}^n=\{(a_1,a_2,\cdots,a_n)\mid a_i\in\mathbb{R},i=1,2,\cdots,n\}=\mathbb{R}_1\oplus\mathbb{R}_2\oplus\cdots\oplus\mathbb{R}_n$$

其中,$F_i=\{(0,\cdots,a_i,\cdots,0)\mid a_i\in F\}$,$i=1,2,\cdots,n$。从而,每一个 n 维

向量可以写成 n 个一维向量的和，并且这个表示法是唯一的。

在群论中，我们给出一些类似的分解和相应群的内部表示形式。

在环论中也有相应的理论。如果 R,S 是环，定义 R 和 S 的直和 $R\oplus S$，通常称为外直和

$$R\oplus S=\{(r,s)\mid r\in R,s\in S\}$$

其中，$(r,s)=(r_1,s_1)$ 当且仅当 $r=r_1,s=s_1$，并且加法和乘法为

$$(r,s)+(r_1,s_1)=(r+r_1,s+s_1)$$

$$(r,s)(r_1,s_1)=(rr_1,ss_1)$$

可以证明针对这种加法和乘法，$R\oplus S$ 是一个环，并且子环 $\{(r,0)\mid r\in R\}$ 和 $\{(0,s)\mid s\in S\}$ 是分别同构于 R 和 S 的 $R\oplus S$ 的理想。从而

$$R\oplus S=\{(r,0)\mid r\in R\}\oplus\{(0,s)\mid s\in S\}$$

称为 $R\oplus S$ 的内直和。如果一个环可以写成两个(或多个)理想的内直和，则它的每一个元素就可以表示成这些理想各取一个元素做和，并且这个表示法是唯一的。

例 4.2.3 设 $R=\left\{\begin{pmatrix}a & b\\0 & c\end{pmatrix}\middle| a,b,c\in\mathbb{R}\right\}$，$I=\left\{\begin{pmatrix}0 & b\\0 & 0\end{pmatrix}\middle| b\in\mathbb{R}\right\}$。显然，$R$ 是一个环，I 是 R 的子环，由于

$$\begin{pmatrix}a & b\\0 & c\end{pmatrix}\begin{pmatrix}0 & b\\0 & 0\end{pmatrix}=\begin{pmatrix}0 & ab\\0 & 0\end{pmatrix}\in I$$

$$\begin{pmatrix}0 & b\\0 & 0\end{pmatrix}\begin{pmatrix}a & b\\0 & c\end{pmatrix}=\begin{pmatrix}0 & bc\\0 & 0\end{pmatrix}\in I$$

I 是 R 的理想。而 $R/I\cong\mathbb{R}\oplus\mathbb{R}$，其中 $\mathbb{R}$ 是实数域。

4.2.2　整环的内表和外延问题

首先整数环是有乘法单位元 1 的没有零因子(即任何两个非零数的乘积不等于零)的交换环。人们把满足这样性质的环称为整环。整环是整数环的抽象化,它很好地继承了整数环的整除性质。要进一步考虑整环在什么条件下继承了整数环的性质,就需要把整数中的一些概念推广到整环。考虑整环中的内表,如按乘法分解的问题,首先要考虑下面三个概念的推广:整除、素元、既约元。

在整环里可以定义类似于整数环里的整除性质。设 a 与 b 是整环 R 中的两个元素,定义 a 整除 b 或 a 是 b 的约数或 b 是 a 的倍数,当且仅当存在 R 中的一个元素 c 使得 $ac=b$。

整除关系满足传递性,即 a 整除 b,b 整除 c,推出 a 整除 c。a 整除 b,则 a 整除 b 的所有倍数。a 的两个倍数的和与差仍是 a 的倍数。

乘法单位元 e 的约数称为 R 的可逆元。可逆元整除所有元素。若 a 整除 b 并且 b 整除 a,则称 a 与 b 相伴。a 与 b 相伴当且仅当存在可逆元 u 使得 $au=b$。非可逆元 q 称为既约元,如果 q 不能写成两个非可逆元的乘积。如果 p 不是零元或可逆元,且对任 a,b,如果 p 整除 ab 可推出 p 整除 a 或 p 整除 b,则称 p 为素元。这两个定义是整数环中素数的推广。

在一般的整环中有了以上的推广,我们自然要考虑唯一分解的问题。

定理 4.2.2(整环的唯一分解定理)　一个整环 R 称为唯一分解整环当且仅当 R 中的每个非零元素 a 皆可表示为一个可逆元和若干个不可约元素(可以是 0 个)的乘积:

$$a=up_1p_2\cdots p_n$$

其中,u 是一个可逆元,p_i 是不可约元素,n 是非负整数。并且,如果存在 a 的另一种表示法 $a=vq_1q_2\cdots q_m$(v 是可逆元,p_j 是不可约元素),则 $m=n$,且存在一个下标的重排 $\sigma\in S_n$ 与可逆元 $w_1,w_2,\cdots,w_n$ 使得 $q_i=p_iw_i(i=1,2,\cdots,n)$,换句话说,存在 $\sigma\in S_n$ 使得 q_i 和 $p_{\sigma(i)}$ 相伴。

4.2.3 整环的分式环

以上考虑的是整环的内表问题。下面,我们再考虑类似于从整数环通过做商的方法,即等价类的方法,获得包含整数环的最小的域——有理数域。把这种思想方法应用于整环得到类似的理论。

设 R 是一个整环,而 $S=R\backslash\{0\}$。在集合 $R\times S$ 上定义下述等价关系~:

$$(r,s)\approx(r',s')\text{当且仅当 } sr'=rs'$$

等价类$[r,s]$可以想成"分式"r/s,上述等价关系无非是推广有理数的通分;借此类比,在商集 $H\times S/\sim$上定义加法与乘法为:

$$[r,s]+[r',s']=[rs'+sr',ss']$$

$$[r,s][r',s']=[rr',ss']$$

可验证上述运算与代表元选取无关,定义是合理的(well-defined)。并且加法和乘法满足环的定义条件,从而,这个商环在同构意义下,是包含 R 的最小的域,称为 R 分式环。

关于整环的分式环这样一个整数环与有理数域之间紧密关系的例子在抽象代数中还有很多,比如:有理函数域是多项式环的分式环;代数数域是代数整数环的分式环;在一个连通复流形上,亚纯函数域是全纯函数

环的分式环。可见，只要心中有从整数环构造有理数域的思想，在学习抽象代数时，会发现这些相关概念的构造是很自然的一件事，并且可以轻松地做出来。

4.2.4　环的模表示理论

我们知道，在线性空间的定义中，有“数乘”这个概念，即数域 F 的元素与加群 $(V,+)$ 的元素之间的乘法运算，满足数乘的四条公理。作为数域的一个扩展代数系统环（即数域是满足更多公理的环），要选择一个代数系统，建立这个环的元素与这个代数系统的元素之间的“数乘”。那么，这个代数系统应该选什么呢？这就是我们要介绍的“模”。

定义 4.2.4　假设 R 是一个环且 $e\in R$ 是其乘法运算的单位元，则左 R－模包括一个交换群 $(M,+)$，以及一个 R 的元素与 M 的元素之间的乘法，记作 $rx(r\in R,x\in M)$，并且满足以下条件：对任何 $s,r\in R$ 和任何 $x,y\in M$，

(M1) $(sr)x=s(rx)$；

(M2) $s(x+y)=sx+sy$；

(M3) $(s+r)x=sx+rx$；

(M4) $ex=x$。

若 R 是一个域，则 R－模称为数域上的向量空间。模是向量空间的推广，有很多与向量空间类似的概念和相同的性质。自然地，可以定义子模。通常 R－模没有基底。但是，关于 R－模的内表问题也是一个环的研究方向，自然有下面的一些结论。

定义 4.2.5　如果一个 R－模 M 满足子模升链条件，即存在 R 子模

$S_1, S_2, \cdots, S_t$，满足 $S_1 \subseteq S_2 \subseteq \cdots \subseteq S_t = M$，称 M 是 Noetherian 模；对应地，如果一个 R 模 N 满足子模降链条件，即存在 R 子模 $T_1, T_2, \cdots, T_l$，满足 $T_1 \supseteq T_2 \supseteq \cdots \supseteq T_l = 0$，称 N 是 Artin 模。

定理 4.2.3(模分解定理) 如果一个模既是 Noetherian 的又是 Artin 的，则这个模可以写成不可分解模的直和，并且在一个重新排列下这些不可分解模是唯一的。

在抽象代数中有许多相似于自然数中素数的性质的对象：若一个环 R 上的模 M 只有零和其本身，则称模 M 为单模或不可约模；设 R 是有乘法单位元的环，若 R－模 M 是它的单子模的和，则一定是它的某些单子模的直和，此时称 M 是半单模。

除环上任意模都是半单模。模 M 是半单的充分必要条件是，M 的每个子模都是它的直和项。环 R 本身看作 R－模是半单的充分必要条件是，所有 R－模是半单的，此时环 R 称为半单环。

关于半单环有下面的分解定理。涉及的一些概念，这里不再赘述，读者可以参考任何一本抽象代数的教材。这里只是说明环论基于模的表示理论可以有非常丰富的分解结果，正如算子(包括矩阵)基于线性空间或泛函空间也有非常丰富的分解结果(见第二章和第三章)。

定理 4.2.4(Artin-Wedderburn 定理) 半单环同构于有限个除环 D 上的 n 阶矩阵环的积。

由 Artin-Wedderburn 定理可以得到下面性质：

(1)每一个实数域的有限维单代数必定是 $\mathbb{R}$，$\mathbb{C}$ 和 H(四元数)上的矩阵环。

(2)每一个有限域 R 上的有限维中心单代数必定是域上的矩阵环。

(3)每一个交换的半单环必定是域的有限直积。

(4)域上的半单代数同构于有限直积$\prod M_{n_i}(D_i)$，其中$M_{n_i}(D_i)$是可除代数D_i上的n_i阶矩阵，并且这样的矩阵积在不计排列顺序下是唯一的。

第五章　高等数学中的内表问题

高等数学研究的对象是函数。函数集合，记作 U，有加减乘除二元运算，有开方、求导等一元运算，当然运算作用的对象有相应的要求。可见函数集合也是一个代数系统。这个代数系统存在元素的内表问题，我们需要指出这个代数系统中的比较简单的元素，对于一个一般函数的计算问题可以通过这些简单元素的计算和一些运算法则获得。函数类代数系统（这里只是部分，而不是整体）也有外延的问题，正如 4.2 节的例 4.2.1。但它不是高等数学考虑的内容，可以归类于抽象代数。

5.1　基本初等函数表示一般初等函数的问题

在函数类中，针对运算也有一些比较“简单的元素”，比如基本初等函数：幂函数（$y=x^{\alpha}(\alpha\in\mathbb{R})$）、指数函数（$y=a^{x}(a>0,a\neq1)$）、对数函数（$y=\log_{a}x(a>0,a\neq1)$）、三角函数（$y=\sin x,\cos x,y=\tan x$ 等）、反三角

函数($y=\arcsin x$，$\arccos x$，$y=\arctan x$，$y=\mathrm{arccot}x$)。初等函数是由基本初等函数通过有限次四则运算和复合运算产生的函数。这也符合我们强调的数学思想，也就是陈省身先生讲的把遇到的复杂问题化成比较简单的问题去处理。比如函数的微分问题，首先解决求基本初等函数的导数，所以我们有基本简单函数的导数表：

(1)$(c)'=0$(c 为常数)；

(2)$(x^{\alpha})'=\alpha x^{\alpha-1}$；

(3)$(a^{x})'=a^{x}\ln a$；

(4)$(\log_{a}x)'=\dfrac{1}{x\ln a}$；

(5)$(\sin x)'=\cos x$；

(6)$(\cos x)'=-\sin x$；

(7)$(\tan x)'=\sec^{2}x=1+\tan^{2}x$；

(8)$(\cot x)=-\csc^{2}x=1-\cot^{2}x$；

(9)$(\sec x)'=\tan x\sec x$；

(10)$(\csc x)'=-\cot x\csc x$；

(11)$(\arcsin x)'=\dfrac{1}{\sqrt{1-x^{2}}}$；

(12)$(\arccos x)'=-\dfrac{1}{\sqrt{1-x^{2}}}$；

(13)$(\arctan x)'=\dfrac{1}{1+x^{2}}$；

(14)$(\mathrm{arccot}x)'=-\dfrac{1}{1+x^{2}}$。

然后按照下面的求导法则求一般初等函数的导数：

(1)$(f(x)\pm g(x))'=f'(x)\pm g'(x)$；

(2)$(f(x)g(x))'=f'(x)g(x)+f(x)g'(x)$，$cf(x)=cf'(x)$($c$ 为常数)；

(3)$\left(\dfrac{f(x)}{g(x)}\right)'=\dfrac{f'(x)g(x)-f(x)g'(x)}{g^2(x)}(g(x)\neq 0)$；

(4)若 $y=f(u)$，$u=\varphi(x)$，则$\dfrac{\mathrm{d}y}{\mathrm{d}x}=f'(u)\varphi'(x)$。

在计算函数的不定积分时，也是把问题处理成基本初等函数的计算问题，所以有基本初等函数的积分表：

(1) $\int k\,\mathrm{d}x=kx+C$(C 为常数)；

(2) $\int x^\alpha\,\mathrm{d}x=\dfrac{x^{\alpha+1}}{\alpha+1}+C(\alpha\neq -1)$，$\int\dfrac{1}{x}\mathrm{d}x=\ln|x|+C$；

(3) $\int a^x\,\mathrm{d}x=\dfrac{a^x}{\ln a}+C(a>0,a\neq 1)$，$\int e^x\,\mathrm{d}x=e^x+C$；

(4) $\int \sin x\,\mathrm{d}x=-\cos x+C$；

(5) $\int \cos x\,\mathrm{d}x=\sin x+C$；

(6) $\int \sec x\tan x\,\mathrm{d}x=\sec x+C$；

(7) $\int \csc x\cot x\,\mathrm{d}x=-\cot x+C$；

(8) $\int \sec^2 x\,\mathrm{d}x=\tan x+C$；

(9) $\int \csc^2 x\,\mathrm{d}x=-\cot x+C$；

(10) $\int \frac{1}{\sqrt{1-x^2}}\mathrm{d}x = \arcsin x + C$；

(11) $\int \frac{1}{1+x^2}\mathrm{d}x = \arctan x + C$。

依据不定积分的运算法则：

(1) $\int kf(x)\mathrm{d}x = k\int f(x)\mathrm{d}x$；

(2) $\int [f(x) \pm g(x)]\mathrm{d}x = \int f(x)\mathrm{d}x \pm \int g(x)\mathrm{d}x$。

以及灵活应用换元法和分部积分(复合函数)可以处理初等函数的不定积分计算问题。

5.2　积分计算中的特殊元近似表示一般元素的问题

微分几何大师陈省身先生说过："大家都可以享受数学思想，比如，把遇到的困难的事物尽可能地划分成许多小的部分，每一部分便容易解答……人人都可以通过这种方法处理日常问题。"在定积分的定义中完全体现了陈先生的这种哲学道理。

5.2.1　定积分的黎曼和近似表示

我们考虑定义在一个闭区间$[a,b]$上的一元实值函数$f(x)\geqslant 0$。如何计算$f(x)$下方、$[a,b]$区间上方这个曲边梯形的面积呢？我们把$[a,b]$做一个划分，即取其中的一些点，把它分成一些小的区间$\Delta_i(i=1,2,\cdots,n)$，取长为小区间中的一点的函数值$f(x_i)$，做成一些小的长方形，把这些小长方形的面积求和 $\sum_{i=1}^{n} f(x_i)\Delta_i$ ，称为黎曼和，如果让划分越来越细（thin），每个小区间中最长的那个小区间的长度 λ 称为划分的直径，当划分的直径趋于零时，黎曼和的极限存在，即

$$\lim_{\lambda\to 0}\sum_{i=1}^{n} f(x_i)\Delta_i$$

这个极限称为 $f(x)$ 在区间 $[a,b]$ 上的定积分，它就是这个曲边梯形的面积。这就是用小长方形的面积近似表示这个曲边梯形的面积。这种方法也称“微元法”。在多元函数重积分的计算时，也采用微元法。

5.2.2 二重积分的黎曼和近似表示

设 D 是平面 $\mathbb{R}^2$ 上的有界闭区域，$f(x,y)\geqslant 0$ 是定义在 D 上的有界函数。如何计算 D 上方这个曲顶柱体的体积呢？把 D 分割成若干个可求面积的小闭区域 $\sigma_1,\sigma_2,\cdots,\sigma_n$，$\Delta\sigma_i(i=1,2,\cdots,n)$ 分别是它们的面积，λ 是这些小区域中最大的面积，称为分割的直径，在每个小区域 σ_i 中任意取一点 (x_i,y_i)，做和 $\sum_{i=1}^{n} f(x_i,y_i)\sigma_i$ ，即小柱体的体积，如果极限

$$\lim_{\lambda\to 0}\sum_{i=1}^{n} f(x_i,y_i)\sigma_i$$

存在，则称函数 $f(x,y)$ 是在 D 上的二重积分，即这个曲顶柱体的体积。

5.2.3 曲线与曲面积分的黎曼和近似表示

设有一条曲线形状的物体在平面上的曲线方程为 $y=f(x)$，$x\in[a,b]$。其上每一点的线密度为 $p(x,y)$，求此物体的质量。

我们把物体分成 n 段，每一段的长度分别为 $\Delta_1,\Delta_2,\cdots,\Delta_n$，分点为

$a_0, a_1, \cdots, a_n$。取其中的一段小弧 $a_i a_{i+1}$，假设物体的密度为连续变化的，只要这一小段的长度足够小，我们就可以用这段弧上的任意一点 (x_i, y_i) 处的密度 $\rho(x_i, y_i)$ 近似代替这段弧的密度。这样我们就可以算出这段小弧的质量 $\rho(x_i, y_i)\Delta_i (i=1,2,\cdots,n)$。将所有这些小段的近似密度求和，就得到此物体的近似质量，即

$$\sum_{i=1}^{n} \rho(x_i, y_i)\Delta_i$$

假设当小段的最长的长度趋于零时，这个极限存在，它就是此物体的近似质量。

设一曲面形状的物体，要求它的质量。

我们把物体分成 n 片可以计算面积的小曲面，每一片的面积分别为 $S_1, S_2, \cdots, S_n$，假设物体的密度为连续变化的，只要这一小片的面积足够小，我们就可以用这小片上的任意一点 (x_i, y_i, z_i) 处的密度 $\rho(x_i, y_i, z_i)$ 近似代替这小片的密度。这样我们就可以算出这小片的质量 $\rho(x_i, y_i, z_i) S_i (i=1,2,\cdots,n)$。将所有这些小片的近似密度求和，就得到此物体的近似质量，即

$$\sum_{i=1}^{n} \rho(x_i, y_i, z_i) S_i$$

假设当小片的最大的面积趋于零时，这个极限存在，它就是此物体的近似质量。

5.3　函数的幂级数表示

在函数集合 U 中，比较简单的函数当属 $1, x, x^2, \cdots, x^n, \cdots$。每一个

多项式函数都可以写成它们的线性组合，如 $p(x)=a_0 1+a_1 x+a_2 x^2+\cdots+a_n x^n$。相对于其他的函数，多项式函数也算简单的元素，所以在很多实际问题中，我们知道两个变量存在函数关系，但是可能没有或很难确定其解析表达式，这样就用多项式来拟合(simulation)，即用一个多项式函数来近似替代，所用的多项式次数越高，近似程度越好，这正是高等数学中的泰勒公式。如果用这些比较简单的单项式无误差地表示一个函数，就要用泰勒级数，也就是用无穷多项的单项式之和表示。可见在高等数学中函数项级数的内容就是表达一种由简单元素无限表示一般元素的思想，当然这里要求函数具有很好的性质——无穷阶可微。对于多元函数也有类似的结论。

一元函数的泰勒级数：如果函数 $f(x)$ 在含有 x_0 的开区间 (a,b) 有无穷阶导数，则当 $x\in(a,b)$ 时，$f(x)$ 可以唯一地表示为 $x-x_0$ 的方幂的无穷多项直和

$$f(x)=f(x_0)+\frac{f'(x_0)}{1!}(x-x_0)+\frac{f''(x_0)}{2!}(x-x_0)^2+\cdots+\frac{f^{(n)}(x_0)}{n!}(x-x_0)^n+\cdots$$

该表示式称为 $f(x)$ 在 x_0 附近的泰勒级数。

特别地，当 $x_0=0$ 时，有

$$f(x)=f(0)+\frac{f'(0)}{1!}x+\frac{f''(0)}{2!}x^2+\cdots+\frac{f^{(n)}(0)}{n!}x^n+\cdots$$

称为 $f(x)$ 的麦克劳林级数。

这样就把具有无穷阶可导的函数唯一地写成 $1,x,x^2,\cdots,x^n,\cdots$ 的无穷多项的线性组合，从而有基本初等函数的麦克劳林级数表达式：

$$e^x=1+x+\frac{1}{2!}x^2+\cdots+\frac{1}{n!}x^n+\cdots$$

$$\sin x=x-\frac{1}{3!}x^3+\frac{1}{5!}x^5+\cdots+\frac{(-1)^{2n-1}}{(2n-1)!}x^{2n-1}+\cdots,-\infty<x<\infty$$

$$\cos x=1-\frac{1}{2!}x^2+\frac{1}{4!}x^4+\cdots+\frac{(-1)^n}{(2n)!}x^{2n}+\cdots,-\infty<x<\infty$$

$$\frac{1}{1+x}=1-x+x^2-\cdots+(-1)^n x^n+\cdots,-1<x<1$$

$$\ln(1+x)=x-\frac{1}{2}x^2+\frac{1}{3}x^3+\cdots+\frac{(-1)^{n+1}}{n}x^n+\cdots,-1<x<1$$

$$\arctan x=x-\frac{1}{3}x^3+\frac{1}{5}x^5+\cdots+\frac{(-1)^n}{2n+1}x^{2n+1}+\cdots,-1<x<1$$

5.4　周期函数的傅立叶级数表示

正弦函数和余弦函数是相对简单的周期函数，在实际问题中有许多的周期函数。高等数学介绍将一般的周期函数用三角函数级数的形式表示，即傅立叶级数:周期函数用正交三角函数系以级数的形式表示。

$$f(x)=\frac{a_0}{2}+\sum_{n=1}^{\infty}a_n\cos nx+b_n\sin nx$$

其中

$$a_0=\frac{1}{\pi}\int_{-\pi}^{\pi}f(x)\mathrm{d}x$$

$$a_n=\frac{1}{\pi}\int_{-\pi}^{\pi}f(x)\cos nx\,\mathrm{d}x$$

$$b_n=\frac{1}{\pi}\int_{-\pi}^{\pi}f(x)\sin nx\,\mathrm{d}x$$

$$n=0,1,2,\cdots$$

我们考虑闭区间$[-\pi,\pi]$上的连续函数欧氏空间$C[-\pi,\pi]$，其中内积定义为

$$(f(x),g(x))=\int_{-\pi}^{\pi}f(x)g(x)\mathrm{d}x$$

这里函数$\frac{1}{\sqrt{2\pi}}$，$\cos nx$，$\sin nx$，$n=1,2,\cdots$，是周期为2π的函数空间的一组标准正交(Hamel)基，即

$$\int_{-\pi}^{\pi}\left(\frac{1}{\sqrt{2\pi}}\right)^2\mathrm{d}x=1$$

$$\int_{-\pi}^{\pi}\cos^2 nx\,\mathrm{d}x=1\quad(n=1,2,\cdots)$$

$$\int_{-\pi}^{\pi}\sin^2 nx\,\mathrm{d}x=1\quad(n=1,2,\cdots)$$

$$\int_{-\pi}^{\pi}\frac{1}{\sqrt{2\pi}}\cdot\cos nx\,\mathrm{d}x=0$$

$$\int_{-\pi}^{\pi}\frac{1}{\sqrt{2\pi}}\cdot\sin nx\,\mathrm{d}x=0$$

$$\int_{-\pi}^{\pi}\sin kx\cdot\cos nx\,\mathrm{d}x=0\quad(n=1,2,\cdots,k=1,2,\cdots)$$

$$\int_{-\pi}^{\pi}\sin kx\cdot\sin nx\,\mathrm{d}x=0\quad(n=1,2,\cdots,k=1,2,\cdots,k\neq n)$$

$$\int_{-\pi}^{\pi}\cos kx\cdot\cos nx\,\mathrm{d}x=0\quad(n=1,2,\cdots,k=1,2,\cdots,k\neq n)$$

把一般周期为2π的函数通过它们的线性组合表示出来，它们看作特殊简单的元素。

基于这种思想，对于一般的不具备周期性的函数，特别是在实际问题中，涉及的函数不具有这么好的性质，可考虑用分形函数做成特殊的“基

元”采取同样的思想方法表示，这属于小波分析(wavelet analysis)的研究领域。

5.5　由简单函数的包络表示

在函数类 U 中除了二元运算外，还有一些构造性的表示问题，比如 max 函数、min 函数：设 $f_1(x),\cdots,f_m(x)\in U$，定义

$$f(x)=\max_{1\leqslant i\leqslant m}f_i(x)$$

和

$$g(x)=\min_{1\leqslant i\leqslant m}f_i(x)$$

在数学分析或更高层的课程凸分析中考虑这样的问题：什么样的函数可以表示成仿射函数的 max 函数或 min 函数。我们有下面的结论：

任何一个下半连续的凸函数 $f(x)$ 是它的所有仿射弱函数(即不大于它的函数)的上包络：

$$f(x)=\sup\{h(x)\mid h\text{ 是仿射函数},h\leqslant f\}$$

如果 $f(x)$ 在每一点的次微分非空，则有

$$f(x)=\max\{h(x)\mid h\text{ 是仿射函数},h\leqslant f\}$$

(线性＋包络表示)能够用充分简单的函数上包络表示的函数是优化理论(Convex optimization)研究的课题。

第六章　微分方程中的内表问题

微分方程基于自变量个数分常微分方程和偏微分方程。微分方程是考虑一个函数和它的一阶或高阶导函数所满足的等式。它是动力系统数学建模的重要数学工具。方程自然要求解，微分方程就是要求得一个函数使得它和它的一阶或高阶导函数满足这个方程。如果这个函数可以得到，称为解析解，否则就要考虑数值解。

微分方程如果可解，一般有无穷多个解函数，这样就要指定初始条件获得唯一解。如果我们考虑这样一个可解的常微分方程的解集合，那么自然要考虑这个集合中的相对“简单元素”，然后把一般解用这些特殊解唯一地表示出来。

6.1　齐次线性微分方程组通解的表示

考虑标准形式的 n 阶线性微分方程组

$$\frac{dy_i}{dx}=\sum_{j=1}^{n}a_{ij}(x)y_j+f_i(x)\quad(i=1,2,\cdots,n)$$

其中系数函数 $a_{ij}(x)$ 和 $f_i(x)(i,j=1,2,\cdots,n)$ 在区间 $a<x<b$ 上都是连续的。类似于线性方程组，我们用矩阵和向量的记号：

$$A(x)=(a_{ij}(x))_{n\times n}$$

和

$$\boldsymbol{y}=\begin{pmatrix}y_1\\y_2\\\vdots\\y_n\end{pmatrix},\boldsymbol{f}=\begin{pmatrix}f_1(x)\\f_2(x)\\\vdots\\f_n(x)\end{pmatrix}$$

就可以把以上方程组表示成矩阵的形式

$$\frac{dy}{dx}=A(x)\boldsymbol{y}+\boldsymbol{f}(x)$$

当 $\boldsymbol{f}(x)\neq 0(a<x<b)$，它称为非齐次线性微分方程组；当 $\boldsymbol{f}(x)\equiv 0$，即得（相应的）齐次线性微分方程组

$$\frac{dy}{dx}=A(x)\boldsymbol{y}$$

下面我们给出它们的解集中的内表刻画：

令 S 是 $\frac{dy}{dx}=A(x)\boldsymbol{y}$ 的解集。我们知道，S 对函数向量的加法与实数对向量的数乘是封闭的并且是实数域上的一个 n 维线性空间，并且在区间 $a<x<b$ 上有 n 个线性无关的解

$$\boldsymbol{\varphi}_1(x),\boldsymbol{\varphi}_2(x),\cdots,\boldsymbol{\varphi}_n(x)$$

使得该方程的一般解（即通解公式）为

$$\boldsymbol{\varphi}(x)=C_1\boldsymbol{\varphi}_1(x)+C_2\boldsymbol{\varphi}_2(x)+\cdots+C_n\boldsymbol{\varphi}_n(x)$$

其中，$C_1,C_2,\cdots,C_n$ 是任意常数。

通常称齐次线性微分方程组的 n 个线性无关的解为基本解组，由它们做成的 n 阶方阵 $\Phi(x)=(\boldsymbol{\varphi}_1(x),\boldsymbol{\varphi}_2(x),\cdots,\boldsymbol{\varphi}_n(x))$ 称为基解矩阵。因此，求它的通解只需求它的一个基本解组即可。

对于非齐次线性微分方程组

$$\frac{d\boldsymbol{y}}{dx}=A(x)\boldsymbol{y}+\boldsymbol{f}(x)$$

类似于非齐次线性方程组和它的导出组，解集中也有特殊解表示一般解的刻画。

如果 $\Phi(x)$ 是相应齐次微分方程组 $\frac{d\boldsymbol{y}}{dx}=A(x)\boldsymbol{y}$ 的基解矩阵，$\boldsymbol{\varphi}^*(x)$ 是 $\frac{d\boldsymbol{y}}{dx}=A(x)\boldsymbol{y}+\boldsymbol{f}(x)$ 的一个特解，则 $\frac{d\boldsymbol{y}}{dx}=A(x)\boldsymbol{y}+\boldsymbol{f}(x)$ 的任何一个解 $\boldsymbol{y}=\boldsymbol{\varphi}(x)$ 可以表示为

$$\boldsymbol{\varphi}(x)=\Phi(x)C+\boldsymbol{\varphi}^*(x)$$

其中 C 是一个与 $\boldsymbol{\varphi}(x)$ 有关的常数列向量(这个结论可查一般的常微分方程教材)。

6.2　常系数线性微分方程组解的表示

我们讨论常系数线性微分方程，即

$$y^{(n)}+a_1y^{(n-1)}+\cdots+a_{n-1}y'+a_ny=Q(x) \tag{6.2.1}$$

其中，$a_1,a_2,\cdots,a_n$ 是常数。

关于这类方程和对应的齐次线性微分方程

$$y^{(n)}+a_1y^{(n-1)}+\cdots+a_{n-1}y'+a_ny=0 \qquad (6.2.2)$$

其解空间(仿射空间)的结构完全体现了在一个代数系统中用比较简单的元素表示一般元素的思想。

定理 6.2.1　如果 $y_1(x),y_2(x)$ 是方程(6.2.2)的解,则对任何常数 $C_1,C_2,C_1y_1(x)+C_2y_2(x)$ 也是(6.2.2)的解,进一步可以说明(6.2.2)的解集是实数域上的一个线性空间,记作 S。在 S 要找一组比较简单的解把 S 中的每一个解用这组解唯一地表示出来。其方法如下:

对应于方程(6.2.2),它有一个方程

$$r^n+a_1r^{n-1}+\cdots+a_{n-1}r+a_n=0$$

称为(6.2.2)的特征方程。这个特征方程对于方程的求解起着非常重要的作用。

定理 6.2.2　设 r_0 是特征方程的 k 重根,则 $e^{r_0x},xe^{r_0x},\cdots,x^{k-1}e^{r_0x}$ 是方程的 k 个解。

在函数空间中也有元素间的线性相关与无关的概念。

定义 6.2.1　设 $f_1(x),f_2(x),\cdots,f_n(x)$ 是区间 $[a,b]$ 上的函数。如果对常数 $k_1,k_2,\cdots,k_n$ 和任意 $x\in[a,b]$,

$$k_1f_1(x)+k_2f_2(x)+\cdots+k_nf_n(x)=0$$

必有 $k_i=0(i=1,2,\cdots,n)$,则称 $f_1(x),f_2(x),\cdots,f_n(x)$ 在 $[a,b]$ 上线性无关。

基于上面的概念,作为实数域上的线性空间,我们可以得到一组基,含有 n 个元素,把每一个解唯一地写成它们的线性组合。

定理 6.2.3　如果 $r_1,r_2,\cdots,r_s$ 是常系数齐次线性微分方程(6.2.2)

的 s 个不同的分别为 $t_1, t_2, \cdots, t_s(t_1+t_2+\cdots+t_s=n)$ 重根，则(6.2.2)的每一个解可以唯一地表示为

$$y=e^{r_1x}\sum_{i=1}^{t_1}C_j^{(1)}x^{i-1}+e^{r_2x}\sum_{i=1}^{t_2}C_j^{(2)}x^{i-1}+\cdots+e^{r_sx}\sum_{i=1}^{t_s}C_j^{(s)}x^{i-1}$$

其中 $C_j^{(i)}, i=1,2,\cdots,s; j=1,2,\cdots,t$ 是任意常数。

当特征方程有非实根时，由于复根是以共轭复数成对出现的，再由欧拉公式 $e^{x+yi}=e^x(\cos y+i\sin y)$ 及常系数微分方程，任意解可以由简单的三角函数 $\cos x$，$\sin x$，幂函数 x^k 和特殊的指数函数 e^x 表示。

类似于非齐次线性方程组和导出组解的关系，对于 n 阶非齐次的线性微分方程的解也可以有相应的表示结果。

第七章　泛函分析中的内表和外延问题

本章主要参考朱晓亮和张文深译的《泛函分析初步》[13]。泛函分析研究的是一般的线性空间，包括有限维和无限维，但是很多东西在有限维下显得很简单，真正的困难往往在无限维的时候出现。在泛函分析中，空间中的元素还是称为向量，但是，线性变换通常会称为“算子”(operator)。除了加法和数乘，这里进一步加入一些运算，比如加入范数去表达“向量的长度”和“向量之间的距离”，这样的空间叫作“赋范线性空间”(normed linear space)。再进一步，可以加入内积运算，这样的空间叫“内积空间”(Inner product space)。从内积就可以定义元素的长度、向量之间的距离。从而，在赋范线性空间和内积空间中考虑无穷运算即向量序列的极限，就是一件很自然的事情了。类似于有限维的内积空间，有基本列的概念，但并不是所有的这些赋予距离的线性空间的基本列的极限仍属于这个空间，也就是对求极限这个无限运算不一定是封闭的，即这些空间不一定具有完备性。这样就定义了新的空间：完备的赋范空间称为巴拿赫空间(Banach space);完备的内积空间称为希尔伯特空间(Hilbert space)。

7.1 泛函空间的内部表示

泛函分析主要是研究无限维空间的。类似于有限维线性空间,同样也有基的概念:

定义 7.1.1 设 X 是实数域 $\mathbb{R}$ 上的线性空间,存在一组元素(有限或无限),$\{e_i \mid i \in I\}$,其中 I 是一个指标集,它本身是线性无关的,而且 X 中的任何元素都可以唯一地表示成 $\{e_i \mid i \in I\}$ 的线性组合。$\{e_i \mid i \in I\}$ 称为 Hamel 基。

这就是泛函空间的一个内部表示问题。这里,向量组线性相关和线性无关的定义与有限维线性空间中的定义是一样的。只是,因为可能含有无限个向量,线性组合等于零是指任何有限个的线性组合等于零。如下面的例子:

例 7.1.1 实系数一元多项式的集合 $\mathbb{R}[x]$ 是实数域上的无限维线性空间,$1, x, x^2, \cdots, x^n, \cdots$ 是它的一组 Hamel 基,集中任何有限个元素的线性组合等于零,其系数必须都等于零,且每一个多项式都可以唯一地写成其中有限个元素的线性组合。

在泛函空间中还有一类比 Hamel 基更广义的子集,称为基底。为此,我们先给出一类更广泛意义下的赋范空间。

定义 7.1.1(副赋范空间) 设 X 是实数域上的线性空间。如果 X 上的一个函数 $g(x)$,$x \in X$,满足条件:对任何 $g(\theta)=0$,$g(x)=g(-x)$,$g(x+y) \leqslant g(x)+g(y)$,其中 θ 是 X 的零向量,$\forall x, y \in X$,并且 $\lambda \to \lambda_0$,

$x \to x_0$（即 $g(x-x_0) \to 0$）时，$\lambda x \to \lambda x_0$，则称 X 为具有副范数 g 的副赋范空间。

定理 7.1.1（副赋范空间的基底）　设 (X,g) 是副赋范空间。X 的元素序列 $\{b_n\}$ 称为 X 的一个基底，如果对于每个 $x \in X$，存在唯一的标量序列 $\{\lambda_n\}$ 使得 $x=\sum_{n=1}^{\infty} b_n \lambda_n$，即使得

$$g\left(x-\sum_{n=1}^{\infty} b_n \lambda_n\right)=0 \quad (n \to \infty)$$

7.2　赋范空间（代数）的商空间

我们在 3.4 节讨论了一般实数域上的线性空间关于子空间定义的等价关系确定的商空间的构造。这里进一步给出泛函分析中赋范空间关于子空间的商空间的同样结果。

定义 7.2.1（赋范空间（代数）的商空间）　设 X 是实数域上的赋范空间。M 是 X 的闭子空间。定义 $x_1 \equiv x_2 (\mathrm{mod} M)$ 为 $x_1-x_2 \in M$。那么“$\equiv$”确定了一个 X 上的等价关系与 X 模 M（或关于等价关系）的商空间 X/M。这个商空间是所有等价类 $E_x=\{y \in X \mid y \equiv x (\mathrm{mod} M)\}$ 的集合，在 X/M 上的范数由

$$\| E_x \| = \inf\{\| y \| \mid y \in E_x\}$$

来定义。再定义元素的加法和数乘：

$$E_x+E_y=E_{x+y}, \lambda E_x=E_{\lambda x}, \forall E_x, E_y \in X/M, \forall \lambda \in R\text{（实数域）}$$

如果 X 是 Banach 空间，M 是 X 的闭子空间，X/M 也是 Banach 空间，范数定义如上。

我们再考虑代数的情形。

代数是一个实数域上的线性空间，它的元素间另外有一个乘法运算，满足对于加法，$xy\in X$，$x(yz)=(xy)z$，$x(y+z)=xy+xz$，$(x+y)z=xz+yz$，$\forall x,y,z\in X$。

对于数乘，$\lambda(xy)=\lambda(x)y=x(\lambda y)$，$\forall\lambda\in R$，$\forall x,y\in X$。

Banach 代数是一个完备的赋范代数，即它是一个代数同时又是一个 Banach 空间。

定义 7.2.2(Banach 商代数) 设 X 是实数域上的一个代数，I 是 X 的一个理想，定义 $x_1\sim x_2(x_1,x_2\in X)$当且仅当 $x_1-x_2\in I$。“～”确定了一个等价关系，以等价类为元素做成一个集合，记为 $X/I=\{E_x|x\in X\}$，其上定义元素的加法和数乘：

$E_x+E_y=E_{x+y}$，$\lambda E_x=E_{\lambda x}$，$E_xE_y=E_{xy}$ $\forall E_x,E_y\in X/I$，$\forall\lambda\in R$(实数域)

这是一个代数，称为代数 X 关于理想 I 的商代数。如果 X 是 Banach 代数，理想 I 是闭理想，同样可以定义 Banach 商代数。

第八章　概率论中的内表和外延问题

概率论是研究随机现象数量规律的学科，是统计学的理论基础。事件和概率是概率论中最基本的两个概念。如果把它纳入代数系统范畴考虑，这个代数系统是一个非空集合 S（称为样本空间）的幂集 $P(S)$ 关于集合的并与交的代数系统的用公理化的方法确定的子集族（元素称为事件）。对每一个事件赋予一个 0 到 1 之间的数刻画该事件发生的可能性（称为它发生的概率）。相对于一般高等数学、线性代数这些确定性的数学分支来讲，它属于随机性数学，其变量是随机变量，它的取“值”必须附加一个可能性刻画，即概率。自然地，作为代数系统，它本身也有内部表示的问题。

8.1　概率论中的内表问题

设 S 是一个非空集合，S 的幂集 $P(S)$ 中可以考虑两种运算“交”与

“并”,即对任意 $A,B\in P(S)$,$A\cup B$,$A\cap B$。下面我们把两个集合的交写成 AB 的形式。关于这两种运算的运算法则,我们在这里不再赘述,读者可以参考相关教材。

定义 8.1.1 样本空间是概率论的一个基础概念。它是指随机试验产生的结果组成的非空集合 Ω,它的一个子集称为随机事件,单点子集称为基本事件,Ω 称为必然事件,空集称为不可能事件。如果对于 Ω 中每一个事件 A 有唯一的实数 $P(A)$ 与它对应(称为集函数),并且满足以下条件:

(1)非负性:对任意事件 A,$P(A)\geqslant 0$;

(2)规范性:$P(\Omega)=1$;

(3)可列可加性:对于两两不相容的事件 $A_1,A_2,\cdots$(即当 $i\neq j$ 时,$A_1A_2=\phi,i=1,2,\cdots$),有

$$P\left(\bigcup_{i=1}^{\infty}A_i\right)=\sum_{i=1}^{\infty}P(A_i)$$

则称 $P(A)$ 为事件 A 的概率。

体现一个系统用简单的元素表示一般元素的做法通常是写在概率论教材中的下面这段话:

“在计算事件的概率时,为了求出较复杂事件的概率,通常将它分解成若干个互不相容的简单事件之并,通过分别计算这些简单事件的概率,再利用概率的可加性得到所求的结果。”

如下面的全概率公式:

定义 8.1.2(全概率公式) 设 $A_1,A_2,\cdots,A_n$ 是样本空间 Ω 的一个(有限)完备事件组或分割(即 $\bigcup\limits_{i=1}^{n}A_iA_j=\phi,i\neq j\ \bigcup\limits_{i=1}^{n}A_i=\Omega$)。如果

$P(A_i)>0, i=1,2,\cdots,n$，则对任意事件 B，有

$$B=B\Omega=B\bigcup_{i=1}^{n}A_i=\bigcup_{i=1}^{n}(A_iB)$$

且

$$P(B)=\bigcup_{i=1}^{n}P(A_iB)$$

这个公式称为全概率公式。它在概率论中有多方面的应用。

8.2　正态分布的内表问题

定义 8.2.1　设随机试验的样本空间为 Ω。如果对于每一个 $\omega\in\Omega$，都有一个实数 $X(\omega)$ 与之对应，称为 ω 发生的概率，则称 $X(\omega),\omega\in\Omega$ 为随机变量，简记为 X。

随机变量有两个参数，即期望值或均值 μ 及方差 σ^2。随机变量分离散随机变量和连续随机变量。

如果一个随机变量 X 所有可能渠道的不同值有有限个或可数无限个，并且以确定的概率取这些不同的值，则称 X 为离散随机变量。设离散随机变量 X 的所有可能的取值为 $x_k(k=1,2,\cdots)$，X 取各个可能值的概率，即事件 $\{X=x_k\}$ 发生的概率为

$$P\{X=x_k\}=p_k, k=1,2,\cdots$$

并且 p_k 满足下面的条件：

(1) $p_k\geqslant 0, k=1,2,\cdots$；

(2) $\sum_{k=1}^{\infty}p_k=1$，

则称 $P\{X=x_k\}=p_k, k=1,2,\cdots$ 为离散随机变量 X 的概率分布。

如果把离散随机变量 X 的概率分布用向量的形式给出，可能对理解连续型随机变量的分布函数及后面一些相关概念更为有利。我们将以注的方式随时指出这样的考虑。

有限离散随机变量的分布函数记为分量非负和为1的 n 维向量

$$(p_1,p_2,\cdots,p_n)$$

可列无限随机变量的分布函数记为具有非负小于1收敛于1级数的可列向量

$$(p_1,p_2,\cdots,p_n,\cdots)$$

连续型随机变量有两个相应的函数，即密度函数和分布函数。

设随机变量 X 的分布函数为 $F(x)$。若存在非负可积函数 $f(x)$ 使得对于任意实数 x，有

$$F(x)=\int_{-\infty}^{x} f(t)dt$$

则称 X 为连续型随机变量，其中 $f(x)$ 称为 X 的概率密度函数，简称概率密度，常记为 $X\sim f(x)$。

注：在学习概率论时应注意如下比较：如果把正整数集看成是自变量，离散随机变量 X 在 i 的密度就是它的概率 p_i，相当于连续型随机变量 X 在 t 处的密度；有限离散随机变量 X 的分布函数 $F(i\leqslant k)=\sum_{i=1}^{k} p_i$，$\sum_{i=1}^{n} p_i=1$，可列型随机变量 X 的分布函数 $F(i\leqslant k)=\sum_{i=1}^{k} p_i$，$\sum_{i=1}^{\infty} p_i=1$，连续型随机变量的分布函数 $F(x)=\int_{-\infty}^{x} f(t)dt$，$\int_{-\infty}^{\infty} f(t)dt=1$。

有限离散随机变量：$X\sim(p_1,p_2,\cdots,p_n)$；

可列型随机变量：$X\sim(p_1,p_2,\cdots,p_n,\cdots)$；

连续型随机变量：$X \sim f(x)$。

在用泛函分析中的对偶空间理论刻画随机变量的概率时是很有帮助的。

连续型随机变量也存在内部表示的问题。这里考虑具有正态分布函数的随机变量。

若随机变量具有密度函数

$$f(x)=\frac{1}{\sqrt{2\pi}\sigma}e^{-\frac{(x-\mu)^2}{2\sigma^2}},-\infty<x<\infty$$

其中 $\mu,\sigma(\sigma>0)$ 为常数，则称 X 服从参数为 μ,σ^2 的正态分布，记作 $X\sim N(\mu,\sigma^2)$。当 $\mu=0,\sigma=1$ 时，称为标准正态分布。

由于正态分布函数的两个参数取值无数，那么自然会考虑在这个系统中找比较简单的正态分布函数，这就是下面的重要结果。

定理 8.2.1　任何一个具有正态分布函数的随机变量 $X\sim N(\mu,\sigma^2)$ 都可以唯一地表示成具有标准正态分布函数随机变量 $\xi\sim N(0,1)$的仿射函数：

$$X=\sigma\xi+\mu$$

如果我们用代数系统的语言来表述这样的内表问题，就是把所有的正态分布做成一个集合 S，这个系统中的任何一个元素都可由用标准正态分布的仿射形式唯一表示。

第九章　拓扑空间中的内表和外延问题

拓扑学和概率论一样，它是在一个集合 X 的幂集 $P(X)$ 关于集合的并($\cup$)与交($\cap$)的代数系统上建立起来的一套理论。它对集合赋予一种能够确切定义相邻的结构，从而可以考虑极限和连续性的数学系统。可以用不同的方式定义一个拓扑空间，但是为了和概率定义相呼应，并显示高等数学中的开集的推广形式，我们用下面的定义：

定义 9.0.1(拓扑空间)　设 X 是一个非空集合，$\tau \subseteq P(X)$。如果满足下面的公理：

(τ1)$\phi, X \in \tau$；

(τ2)对任意有限个 $A_i \in \tau$，有 $\cap A_i \in \tau$；

(τ3)对任意多个 $A_i \in \tau$，有 $\cup A_i \in \tau$，

则称(X, τ)为拓扑空间，称 τ 为 X 上的一个拓扑。属于 τ 的集合称为开集，开集的补集称为闭集。

有两个特殊的拓扑空间：当 $\tau = P(X)$ 时，(X, τ)称为离散拓扑空间；

当 $\tau=\{\phi, X\}$ 时，(X,τ) 称为平凡拓扑空间。

显然，对于 X 上的两个拓扑可能有包含关系，我们如下定义两个拓扑空间的关系：

定义 9.0.2 设 τ_1, τ_2 是非空集合 X 上的两个拓扑，如果两个拓扑有关系 $\tau_1 \subset \tau_2$，称 τ_1 弱于 τ_2 或 τ_1 小于 τ_2（也称 τ_2 强于 τ_1 或 τ_2 大于 τ_1）。

一个非空集合上的拓扑有大小，自然对任何一个拓扑 τ 要考虑是否存在一个最小的拓扑 ρ，把 τ 的元素用 ρ 的元素表示出来的内表问题。

9.1 拓扑空间的内表问题

定义 9.1.1(拓扑空间的基) 设 (X,τ) 是一个拓扑空间。如果存在集族 $\rho \subset \tau$ 满足对于任何 $A \in \tau$，都有 $A=\bigcup_i B_i, B_i \in \rho$，则称 ρ 是拓扑空间 (X,τ) 的基。

例 9.1.1 设 X 是实数轴上的点集，(a,b) 是开区间，

$$\tau=\{A \mid A \subseteq X \text{ 且 } A \text{ 可以写成开区间的并}\}$$

则 (X,τ) 是拓扑空间，而全体开区间的集合是它的一个基。有理数为端点的开区间组也是 (X,τ) 的一个基。

因为拓扑是一个集合的子集族，其所含元素的个数即它的势，有三种可能：第一有限，第二可数无限，第三不可数无限。

定义 9.1.2 如果拓扑空间有可数集为基，称它为具有可数基的拓扑空间。

如上所述，例 9.1.1 中的拓扑空间是具有可数基的拓扑空间。

本章开始时我们介绍在拓扑空间有了开集的概念就可以考虑极限、

映射的连续等问题。我们再介绍一些有关的概念。

定义 9.1.3 设(X,τ)是拓扑空间。如果$x\in E\in\tau$，则称E是x的一个邻域，称$E\backslash\{x\}$为x的一个空心邻域。

拓扑空间中的一点x的邻域是一个开集族，自然要考虑这些开集族找一个特殊的开集邻域族在某种意义下“替代”它的邻域。

定义 9.1.4(邻域基) 设(X,τ)是拓扑空间，$x\in X$，ρ是x的一些邻域E_i组成的集合。如果对任意的x的邻域E，都有$E_i\in\rho$使得$E_i\subseteq E$，则称ρ是x的一个邻域基。

例 9.1.2 设(X,τ)是例 9.1.1 中的拓扑空间，则

$$\rho=\{(x-r,x+r)\mid r\text{ 是正有理数}\}$$

是x的一个可数邻域基。

9.2 拓扑空间的外延问题

从一个拓扑空间中的等价关系也可以确定它的商空间。不过，不同于线性空间、群和环，拓扑空间的商空间概念是从另外一个角度给出的。读者可参考[14]。

定义 9.2.1 设(X,τ)是一个拓扑空间，Y是一个集合，$f:X\to Y$是一个满射，易证Y的子集族

$$\tau_f=\{U\in P(Y)\mid f^{-1}(U)\in\tau\}$$

是Y的一个拓扑，称为Y的(相对于满射f的)商拓扑，映射f称为商映射。

为了和前面介绍的代数系统的商代数系统的构造一致，我们考虑拓

扑空间(X,τ)作为集合到由其上的等价关系确定的商集的自然映射。

设(X,τ)是一个拓扑空间，$\sim$是X中的一个等价关系。做X的关于等价关系$\sim$的商集

$$X/\sim=\{[a]|a\in X\}$$

考虑其自然映射：

$$\varphi:X\varphi\rightarrow X/\sim$$

$$\varphi(a)=[a]$$

这是一个满射。按照定义 8.2.1，

$$\tau_{\varphi}=\{U\in P(X/\sim)|\varphi^{-1}(U)\in\tau\}$$

是$X/\sim$上关于φ的商拓扑，$(X/\sim,\tau_{\varphi})$就是(X,τ)的一个商拓扑空间。

例 9.2.1　在实数集$\mathbb{R}$中考虑等价关系$\sim$：

$$x,y\in\mathbb{R},x\sim y\text{ 当且仅当 }x,y\text{ 同属于有理数集 }\mathbb{Q}$$

这样$\mathbb{R}$就划分成两个等价类$\mathbb{R}=\mathbb{Q}\cup\{\mathbb{R}/\mathbb{Q}\}$，其商拓扑空间就是二元平凡拓扑空间。

例 9.2.2　在单位区间$I=[a,b]$上给定一个关系$\sim$：

$$x,y\in I,x\sim y\text{ 当且仅当或者 }x=y\text{ 或者 }\{x,y\}=\{a,b\}$$

对任意$x\in I$，则$x=x$，所以$\sim$满足自反性；若$x,y\in I,x\sim y$，则当$x=y$时，$y\sim x$；当$\{x,y\}=\{a,b\}$时，也有$y\sim x$，故$\sim$满足对称性。若$x,y,z\in I$，且$x\sim y,y\sim z$，有下面四种情形：

(1)$x=y,y=z$，则$x=z,x\sim z$；

(2)$x=y,\{y,z\}=\{a,b\}$，则$\{x,z\}=\{a,b\},x\sim z$；

(3)$\{x,y\}=\{a,b\},y=z$，则$\{x,z\}=\{a,b\},x\sim z$；

(4)$\{x,y\}=\{a,b\},\{y,z\}=\{a,b\}$，则$x\sim z$所以传递性成立。

故～是 $I=[a,b]$上的等价关系。我们便得到一个 $I=[a,b]$的商拓扑空间 $I/\sim$。在拓扑空间同胚意义下，它和以坐标原点为圆心 $b-a$ 为半径的圆周是同一个东西。

第十章　金融数学与金融工程中的内表问题

金融数学是指利用高等数学的方法研究金融资产及其衍生产品定价、复杂投资技术与公司金融政策的一门交叉学科。金融工程的概念有狭义和广义两种。狭义的金融工程主要是指利用先进的数学及通信工具，在各种现有基本金融产品的基础上进行不同形式的组合分解，设计出符合客户需要并具有特定性质的新金融产品。广义的金融工程则是指一切利用工程化手段来解决金融问题的技术开发，它不仅包括金融产品设计，还包括金融产品定价、交易策略设计、金融风险管理等各个方面。

我们在这里主要强调的是本门课程中采用的分解组合(或组合分解)的思想方法。

金融数学与金融工程的一个主要内容就是设计金融衍生产品，并且基于标的资产服从的价格过程(随机过程)确定衍生产品的价格。

大家知道，数学分离散性数学和连续性数学。对于一个数学问题，可以用离散的方法处理，也可以用连续的方法处理。当然，两种方法可以通过极限吻合起来。

对于金融衍生产品定价的问题，首先要有两个假设：第一是标的资产，比如股票，要服从一个随机过程以便处理问题的可行性；第二是假设无套利产生以便推理得到一个等式方程，解此可以得到要求的衍生产品价格。有的方程可以得到解析解，即解析表达式，有的找不到解析表达式，只能用数值代数的方法给出数值解。这部分内容见参考文献[15]。

10.1　股票价格过程表现的内表问题

10.1.1　离散形模型

假设标的资产，比如一只股票，它在初始时刻的价格为 S_0，在下一个时刻点处的价格是 S_1，它服从二叉树模型，即其价格函数是一个随机变量，在下一时刻点处只有两种可能取值 S_u 或 S_d。假设单阶段内无风险利率为 r，那么，在无套利的前提假设下，就可以得到随机变量的风险中性概率：

$$p=\frac{e^r S_0-S_d}{S_u-S_d}$$

即价格上升的概率。考虑一个基于这只股票的欧式看涨期权，现在要确定这个期权的价格。那么，我们应该如何来做呢？

假设 C 表示这只期权的价格（价值）。C 在时刻点 1 处价值 C_1 也是一个随机变量,它的价值有两种可能:S_u-X 或 0,其中 X 是期权合约的敲定价格。对应地,我们有股票价格的二叉树和相应的期权价格的二叉树如下:

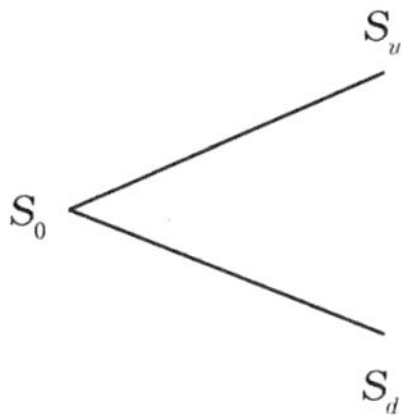

股票价格二叉树

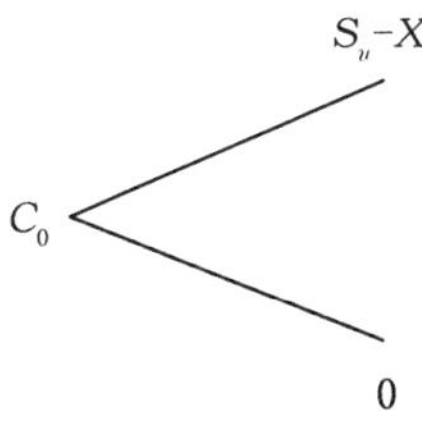

期权价格二叉树

其中,C_0 就是我们要确定的看涨期权的价格,其定价公式为

$$C_0=e^{-r}(p(S_u-X)+(1-p)0)=e^{-r}p(S_u-X)$$

一般的基于标的(股票)的衍生产品的定价公式(包括多阶段)的离散形定价公式类似可以推得。

10.1.2　连续性模型

假设 $S(t)$ 是股票在时刻 t 的价格,经济学家 Samuelson 在 1965 年给出:$S(t)$ 遵循随机微分方程

$$dS(t)=\mu S(t)dt+\sigma S(t)dB(t)$$

其中，μ 是股票的期望收益率，σ 是波动率。它对应离散模型中股票价格服从一个二叉树模型假设。这个公式体现了在刻画一个代数系统（方程系统）时一个变量（$S(t)$）的变化分解成两部分比较简单的成分：确定性部分（μSdt）和随机部分（$\sigma S(t)dB(t)$），其中 $B(t)$ 是标准布朗运动。

10.2　Black-Sholes 期权定价公式表现的内表问题

现在，考虑一种基于这只股票的欧式看涨期权定价公式。利用 Ito 公式得到衍生产品应该满足的一个随机偏微分方程（实际上，类似于高等数学中函数的泰勒级数表示，去掉二次以上的高阶项得到一个一次等式），通过求解这个线性微分方程可以得到这只衍生产品的初始价格，即著名的 Black-Scholes 期权定价公式：

$$C=S_0N(d_1)-Xe^{-rT}N(d_2)$$

其中，$N(x)$标准正态分布函数 $N(x)=P[Z\leqslant x]$，即随机变量值小于等于 x 的概率。分布函数在两点 d_1，d_2 处的取值

$$d_1=\frac{\ln(S_0/X)+(r+\sigma^2/2)T}{\sqrt{T}\sigma}$$

$$d_2=d_1-\sigma\sqrt{T}$$

其中，T 是期权的终止时间，r 是该段时间的无风险利率。

这里不对这个公式及其中的符号做任何解释，只强调这个定价公式是由两部分组合的，而每部分分别代表一种更简单的期权定价公式。$S_0N(d_1)$是一只称为“Stock-or-Nothing”的期权定价公式，即在期权到

期日，如果股票价格上升了，期权持有者获得一只股票，否则收益为零；$Xe^{-r\tau}N(d_2)$是一只称为“Cash-or-Nothing”的期权定价公式，即在期权到期日，如果股票价格上升了，期权持有者获得一美元，否则收益为零。可见，这个著名的期权定价公式是两个特殊的简单期权价格的线性组合。

参考文献

[1]本刊编辑. 最为复杂的数字形态:八元数与现实世界紧密联系. 外星探索,2018 年 8 月 7 日.

[2]米卡埃尔(法国)著,孙佳雯译. 万物皆数. 北京联合出版公司,2018 年.

[3]宾利(英国)著,马仲文译. 万物皆数. 南方日报出版社,2012 年.

[4]梁进著. 名画中的数学密码. 科学普及出版社,2018 年.

[5]Lars Garding. Encounter with Mathematics. Spring-Verlag New York,Inc. 1977.

[6]胡作玄译. 数学概观. 科学出版社,2001 年.

[7]冯肇华,李样明. 关于方阵分解为一个对称矩阵与一个对合矩阵的乘积. 南昌大学学报(理科版),第 21 卷第 1 期,1997 年.

[8]程指军. 关于矩阵分解为对称矩阵的乘积. 数学学报第四期,1985 年.

[9]屠伯勋. 关于矩阵分解为对称阵的乘积. 复旦学报(自然科学版)第 19 卷第 3 期,1980 年.

[10]I. N. Herstein,Abstract Algebra,Prentice-Hall,Upper Saddle

River,New Jersey,1995.

[11]R. Bellman,Introduction to matrix analysis,New York,1960.

[12]吴品三编. 近世代数. 人民教育出版社,1979 年.

[13]朱晓亮,张文深译. 泛函分析初步. 人民教育出版社,1981 年.

[14]熊金城. 点集拓扑讲义(第二版). 高等教育出版社,1981 年.

[15]Joseph Stampfli, Victor Goodman. The mathematics of finance: modeling and hedging. 机械工业出版社,2003 年.

后 记

《万物皆数新说》作为学习数学的指导性读物，其内容的选择和思想结构的成熟是笔者在上海财经大学核心通识课程数学概观的建设过程中不断完善的，并得到经费使之完成出版。所以，首先感谢上海财经大学在经费上给予的支持。

数学概观涉及的数学课程比较多，包括初等数论、高等数学、常微分方程、高等代数、抽象代数、数学分析、泛函分析、拓扑学、概率论、金融数学与金融工程等。尽管我们强调的是“走马观花”，不去也不可能让学生理解和掌握涉及的课程知识，只是让学生了解和认识到自然数代数系统中的两个主要思想，即内部表示和外延扩展及在这些数学课程中的体现，多数学生仍然觉得听起来难以接受。但还是有一些学生，如 2013 级世界经济王钟凯、2015 级金融工程冯源、2015 级金融统计与风险管理冯智昀、2017 级经济学基地班周昱坤等学生，对笔者的想法的肯定和对学习数学的新认识，让笔者有信心花费时间和精力完成这本小册子。在此对他们的认可表示感谢，并希望他们在后续的课程学习或工作中有所受益。

感谢数学概观课程建设小组成员王艳华教授和杨世海教授在抽象代数和泛函分析知识中提供的帮助。感谢上海财经大学出版社刘光本等编

辑老师的细心审阅。

本读物只是笔者在数学学习和教学中的一些体会的总结，如有谬误或错误，敬请读者斧正。

梁治安

2019年9月